【美容師證照參考書】

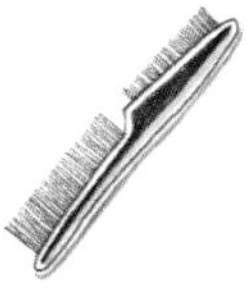

狗狗美容師

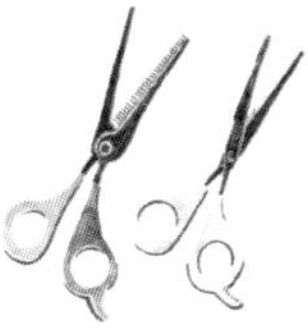

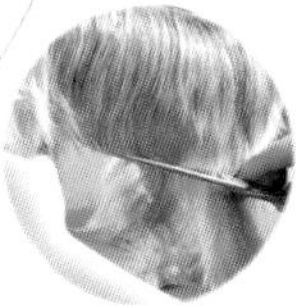

清潔保養、梳剪、吹整與美容技巧，成為愛犬造型師

全國動物醫院連鎖體系醫師團隊・寶羅國際寵物美容學苑團隊 聯合監修

晨星出版

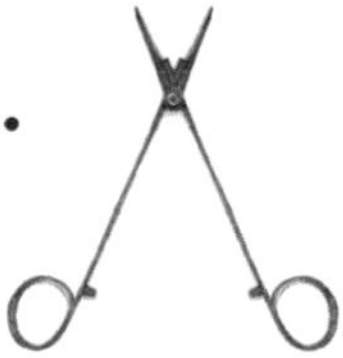

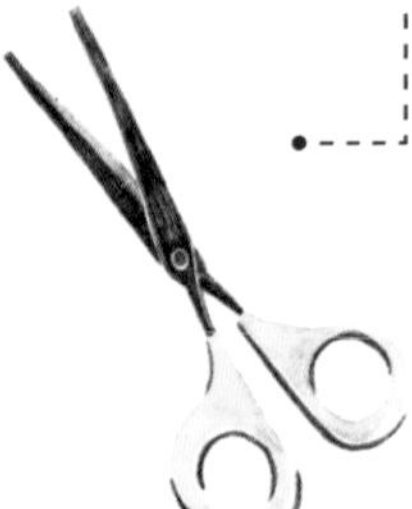

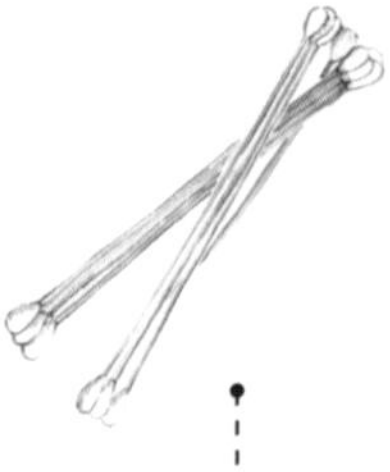

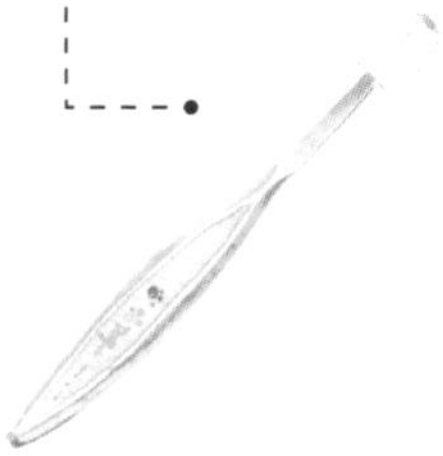

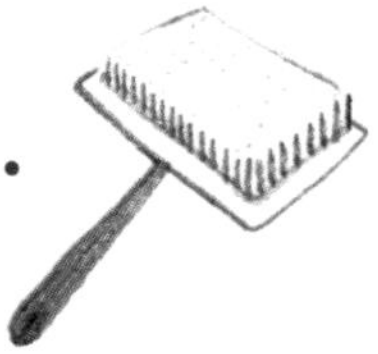
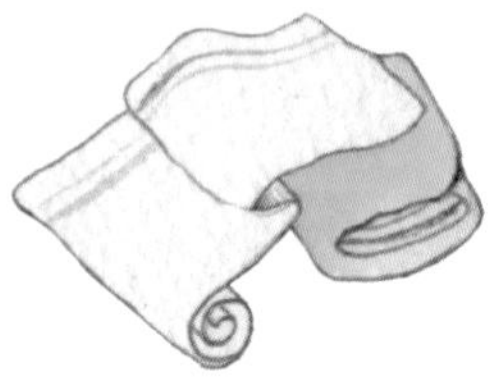
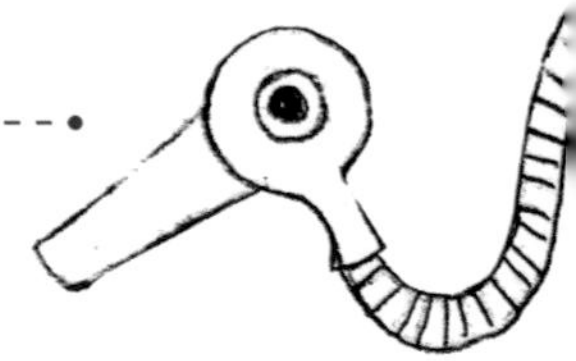

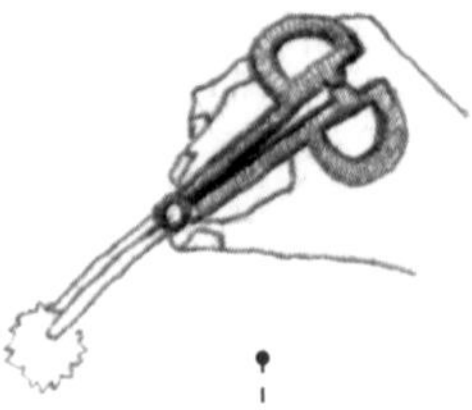

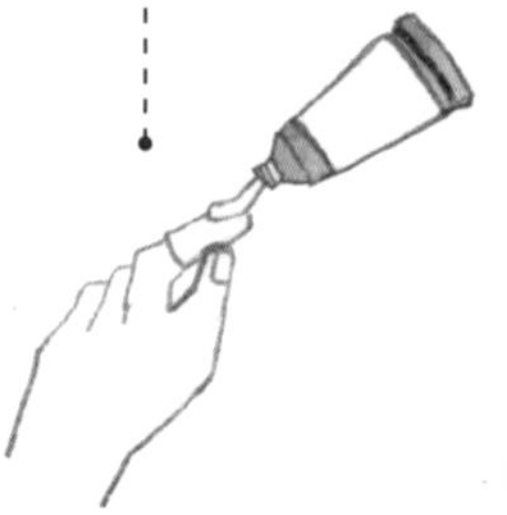

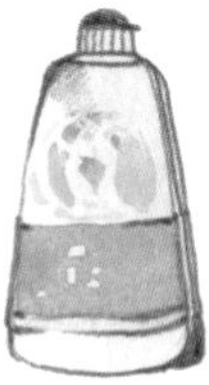

推薦序

狗從早先的人類生活伴侶之稱，到近年晉升成為家中的一份子：毛小孩，在在顯示出人們能夠以更公平的方式來對待這一群忠貞不二的毛孩子們。與社團法人台灣亞洲動物福利協會（簡稱AAWA）尊重生命的生命教育宗旨相同，也是全國動物醫院體系同仁努力的方向，希望創造人類與寵物共同幸福。

本書雖命名為「狗狗美容師」，倒不如說是一本提供真正用心照顧毛孩子的入門參考書吧！「狗狗美容師」此書難得邀請台灣兩大連鎖體系「寶羅寵物美容學苑」專業的美容師，以及「全國動物醫院連鎖體系」專業分科的科主任們，由外在美兼顧到狗狗內在的健康及心理層面，全方位的提供飼主照料家中毛孩子應有的正確態度及方法，再由晨星出版社邀請的專業編輯繪製淺顯易懂的插圖，豐富整本書的內容及可看性，即使是對文字閱讀有障礙的人，都能輕鬆自圖片中獲得相關狗狗照顧知識，不會因為內容太艱澀而打退堂鼓。這應也是坊間少數能集結專業美容與寵物專業醫療的寵物聖經吧！

社團法人台灣亞洲動物福利協會理事長
全國動物醫院連鎖體系執行長

陳道杰

謝馥憶 醫師 中科分院院長 / 腎臟泌尿科主任 / 主治醫師

專長：
一般內 / 外科、兔科、腎病透析科、口腔保健科
經歷：
- 全國動物醫院住院醫師
- 全國動物醫院主治醫師
- 東海大學農學院客座講
- 全國動物醫院中科分院分院長
- 全國動物醫院腎臟泌尿科主任
- 第四屆華南獸醫大會應聘講師「貓自發性膀胱炎、慢性腎臟病」

余宗霖 醫師 大雅分院院長 / 行為學專科主任 / 主治醫師

專長：
一般內 / 外科、行為學專科、心臟科、兔科、貓科、口腔保健科
經歷：
- 中興大學獸醫系畢業
- 全國動物醫院 住院醫師
- 全國動物醫院 主治醫師
- 全國動物醫院 行為學專科主任
- 東海大學 農學院客座講師
- 國立屏東科技大學農學院客座講師
- 2011 小動物行為學及臨床案例研討會結業

李侯承 醫師 文心分院院長 / 主治醫師

專長：
一般內 / 外科、貓科、口腔保健科、眼科、皮膚科
經歷：
- 嘉義大學獸醫系畢業
- 員林忠愛動物醫院住院醫師
- 全國動物醫院 住院醫師
- 全國動物醫院 主治醫師
- 東海大學 農學院客座講師
- 國立屏東科技大學農學院客座講師
- 全國動物醫院文心分院院長

王智維 醫師 高雄分院分院長 / 主治醫師

專長：
專業貓科、專業外科、一般內 / 外科
經歷：
- 屏東科技大學獸醫學系畢業
- 2005 小動物外科結訓
- 2005 小動物超音波診斷結訓
- 2007 屏科大碩士學分班結業
- 折耳貓病友會諮詢醫師
- 太僕動物醫院主治醫師
- 國泰動物醫院主治醫師
- 牛津動物醫院院長
- 全國動物醫院主治醫師
- 2012 年 名人小動物骨科研究中心 骨科實際操作班結業
- 全國動物醫院高雄分院分院長

吳宜儒 醫師 永康分院暨五期分院院長 / 主治醫師

專長：
一般內 / 外科、兔科、貓科、急診加護科
經歷：
- 國立中興大學獸醫所畢業
- 前憲兵軍犬隊主治醫師
- 全國動物醫院主治醫師
- 國立屏東科技大學農學院客座講師

洪奇正 醫師 北全分院院長 / 腫瘤病理科主任 / 主治醫師

專長：
一般內 / 外科、貓科、腫瘤病理科、急診加護科
經歷：
- 國立中興大學獸醫系畢業
- 國立中興大學獸醫學院獸醫學系碩士 (臨床組)
- 全國動物醫院 住院醫師
- 全國動物醫院 急診主治醫師
- 全國動物醫院 主治醫師
- 全國動物醫院 北全分院院長
- 全國動物醫院 腫瘤病理科主任
- 獸醫急診及重症照護學會 (VECCS) 會員
- 台灣動物檢驗醫學會會員
- 擔任 2011 年泰國獸醫師年會 (VRVC) 講師
- 2011 兩岸伴侶動物醫學暨公共衛生國際研討會 結業
- 2012 小動物骨骼肌肉影像研討會 結業
- 2013 小動物急診重症加護研討會 結業
- 榮任全國動物醫院連鎖體系學習長 CLO
- 2013 國際獸醫急診及重症加護研討會 (IVECCS) 進修 美國獸醫急診及重症加護學院 (AVCECC) 急救訓練課程 (CPR : Basic Life Surpport) 結業

洪千惠 醫師 台中總院第二副院長 / 住院總醫師 / 口腔保健科主任

專長：
一般內 / 外科、口腔保健科
經歷：
- 國立中興大學獸醫學院獸醫學系碩士 (臨床組)
- 2003 年小動物牙科醫學研討會
- 2004 年日本麻布大學修業
- 2004 年小動物眼科研討會
- 2005 年小動物臨床放射研習會
- 2011 年亞洲獸醫牙科診療巡迴講座 結業
- 2012 年中興大學小動物麻醉研討會 結業
- 2012 年法國皮膚病學研討會 結業
- 東海大學 農學院客座講師
- 國立屏東科技大學農學院客座講師

陳佩琦 醫師 眼科主任 / 主治醫師

專長：
一般內 / 外科、貓科、眼科、口腔保健科
經歷：
- 中興大學 獸醫學系畢業
- 台灣大學 獸醫研究所畢業
- 德國慕尼黑大學獸醫教學醫院實習
- 全國動物醫院 主治醫師
- 東海大學 農學院客座講師
- 國立屏東科技大學農學院講師
- 2010 年美國 NAVC 獸醫研習會進修
- 2011 普度大學小動物眼科研討會受訓結業
- 2011 小動物行為學及臨床案例研討會結業
- 2011 小動物行為學講座 研習修畢

推薦序

剛要踏入寵物美容這行業時，對這個行業充滿了憧憬，認為美容師就該穿的漂漂亮亮的跟客人聊聊天、跟狗狗玩耍就可以了，等真正接觸時才發覺怎麼不一樣了！早期當學徒時，什麼都不懂，想要獲得有關寵物的資訊都是靠店家提供，只能依樣畫葫蘆，老闆怎麼說就怎麼做，後來接受了專業的訓練之後，才發覺有些知識及專業技能是不合時宜的，隨著時代的變遷，寵物漸漸變成家裡的一份子，不再是美容師獨大，現在美容師必須具備多方面的專業知識及技能，才能服務越來越專業且挑剔的消費者了！

剛接收到這本書時，心裡很感慨，為什麼不早幾年出書呢！這樣或許就不用走那麼多的冤枉路了！相信很多的消費者跟我當初一樣，對於飼養寵物既興奮又害怕，家裡多了一位成員陪伴，但相對的卻不知道如何飼養，心裡七上八下的！台灣的飼主普遍對於寵物資訊是不足的，我們最常被客人問的問題：「為什麼剪指甲會流血？流血了怎麼辦？」、「我們家的黃金為什麼一直掉毛？乾脆剔光光算了！」、「我在家都有在梳毛啊，怎麼可能還有打結？」、「我又沒有帶出門散步，為什麼去美容院回來會有跳蚤、壁蝨？」哈哈～問題千奇百怪都是圍繞在最基本的常識上面，現在，剛飼養寵物的您就跟著書上的腳步前進吧！從最基本對寵物的認識到如何聰明的選擇美容院，相信您很快就可以上手囉！基本的常識越豐富，就越不怕被不肖的店家牽著鼻子走了！

寶羅國際寵物美容學苑講師

唐妙鳳

劉玲均

入行時間：10 年

- 寵物美容 A 級美容師
- 曾赴義大利皇家美容學苑進修 2 次
- 現任寶羅寵物美容用品店中區副理及寶羅寵物美容學苑講師

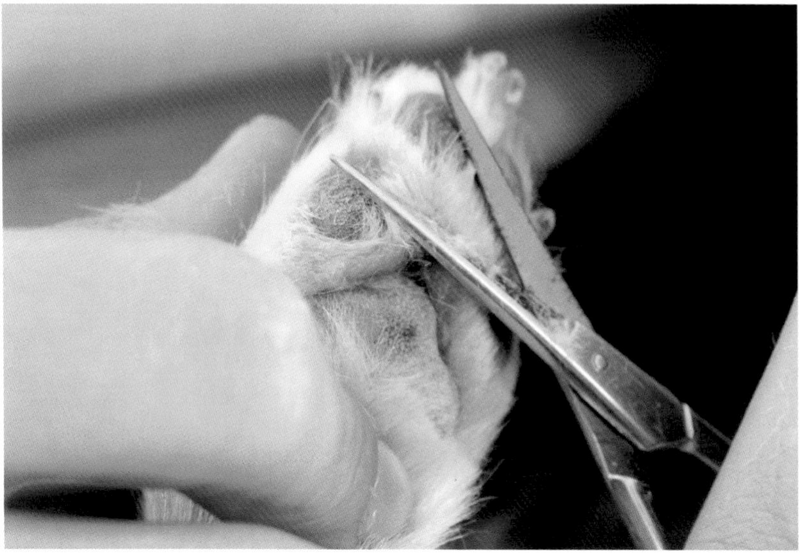

第一招
平時愛保養

狗狗和人類一樣，都需要定期的清潔和保養。平時注重狗狗的護理保養，除了能維持清潔，更可以預防疾病的發生、消除體臭和皮屑。尤其是和人們生活在一起的室內犬，更需要注意保養上的大小事。

本章節將介紹狗狗的基本生理構造與簡易清潔的方法和步驟，讓您也能在家輕鬆為狗狗進行護理保養喔！

修剪趾甲

趾甲的構造

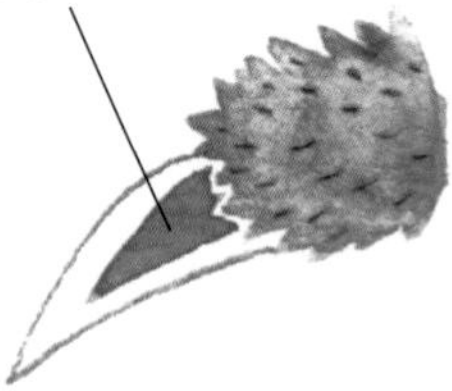
有血管、神經通過的地方，請小心不要剪到。

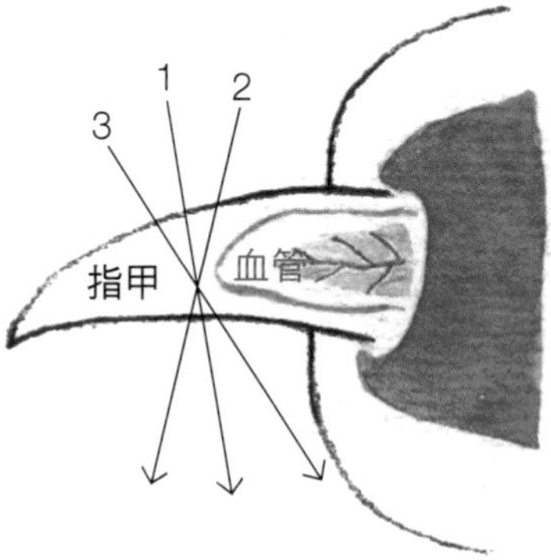

趾甲構造的介紹

狗狗的趾甲分為兩層，內層藏有神經和血管通過，一般我們只要修剪外層即可。又因為基因構造的不同，狗狗的趾甲可以分為黑色和白色略透明兩種。趾甲裡藏有纖細的血管，血管會隨著趾甲長度而增生，因此要定期修剪，讓狗狗的趾甲保持在最適當活動的長度。

若您的狗狗是屬於黑趾甲，因為不透光的關係，很難看清楚趾甲裡的血管，修剪趾甲時需要特別的小心。

為什麼要剪趾甲

飼養在室內的狗狗，因為一般家中的地板比較光滑，所以狗狗趾甲自然磨損的程度會小於趾甲生長速度，而趾甲過長會導致狗狗行走的困難，腳掌無法平穩著地，除了會影響走路姿勢也可能導致肉球受傷，或跌倒引發關節炎，有時過長的趾甲會因為意外劈裂，造成局部感染。

所以飼養在室內的狗狗，需要從小養成定期修剪趾甲的習慣，大約兩週為限，或是聽到狗狗走路時，腳掌與地板接觸發出「叩叩」聲時就必須修剪。至於飼養在室外的狗狗，雖然趾甲會自然磨損，但也要留心沒有接觸到地面的大拇指（在腳的內側稍上方位置長有飛趾）是否過長。而飼主也要多多注意狗的走路姿勢，若走路姿勢不太自然或一拐一拐，甚至是趾甲不正常外露的時候，就代表必須修剪趾甲囉！

剪趾甲的正確方式

狗狗的趾甲只需要剪掉多餘的趾甲前端，讓趾甲和肉墊齊平即可，切勿剪到太根部的位置，一般只剪除爪子的三分之一左右，才不容易傷害到血管。若是初次幫狗狗剪趾甲，可以先請獸醫師或美容師做個示範，或者是慢慢一點一點地修剪，避免一次剪得太深傷到血管。

剪趾甲時，若以單一的方向剪下，容易在切口產生銳角，因此要記得在修剪時變換角度，並用磨甲棒磨一磨，把切口磨平，並檢查趾爪有無傷口或破損。另外，腳底肉墊上的毛也需一併清除，以防滑倒。

建議飼主替狗狗養成定期剪趾甲的習慣，讓狗狗不會抗拒、害怕，在進行修剪的動作時可以嘗試分散愛犬的注意力，或是完成後給予適當的小獎勵。

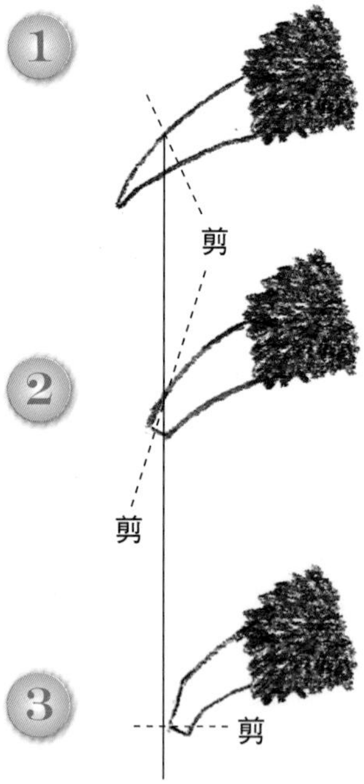

修剪趾甲要一小段一小段慢慢剪。

將白色的部份剪掉，尖尖的地方修齊。

剪的時候以不剪到紅色血管為原則，剪白色處即可。

☆剪趾甲時的小叮嚀

1. **確實控制住狗狗，避免剪傷意外發生：**修剪趾甲時我們要控制好狗狗，讓狗狗面對我們平坐，必要時請他人也一同幫忙固定，才能避免剪傷。

2. **如果看不到血管時，一點一點慢慢修剪：**若狗狗的趾甲是黑色的，不容易看到血管時，我們只能一點一點的慢慢修剪，避免傷到血管囉！

3. **不小心剪到血管時，鎮定且快速地止血：**在出血點灑上止血粉，並在被剪破的趾甲上按壓幾秒鐘就可以了。

4. **定期修剪趾甲，太少修剪會增加剪傷的機率：**狗狗趾甲內的血管會隨著修剪趾甲時的長短而改變，經常幫狗狗剪趾甲，血線就會後縮，反之血管就會增生變長，之後要修剪則容易剪傷。

準備工具

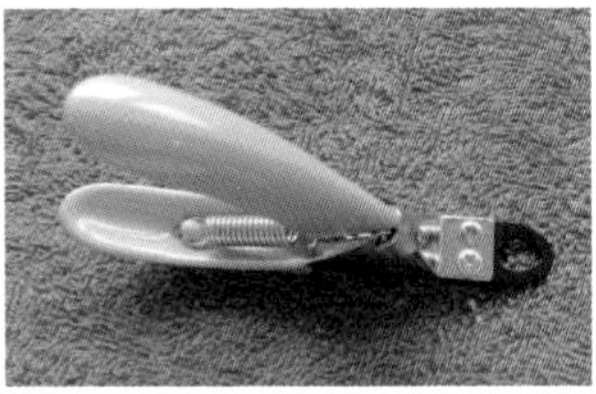

趾甲剪 1

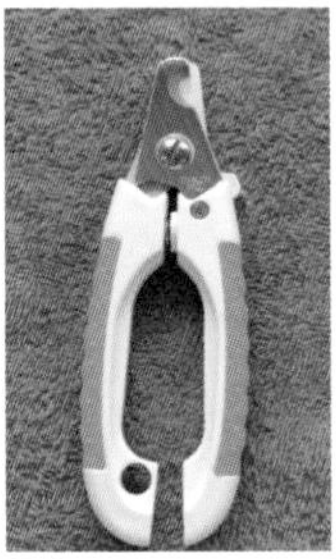

趾甲剪 2

止血粉

修剪趾甲的方法

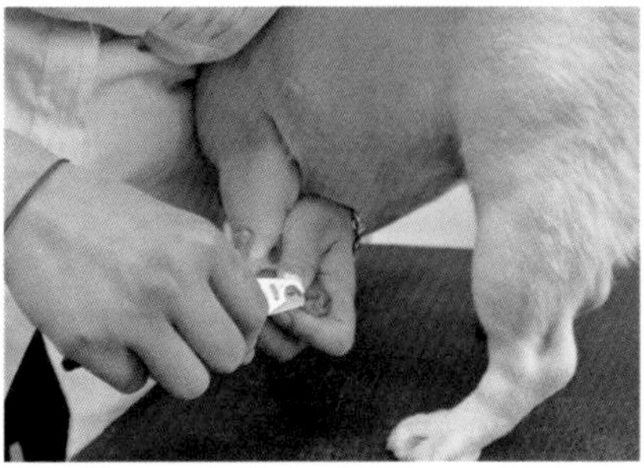

1 握住狗狗的一隻腿向前拉伸，要固定住腿部的大關節，狗狗才不會亂動。然後用拇指和食指按住要修剪的趾甲。食指略向後用力，拇指向前擠壓，這樣整個趾甲就會伸出來。建議洗澡後趾甲軟化會比較方便剪除。

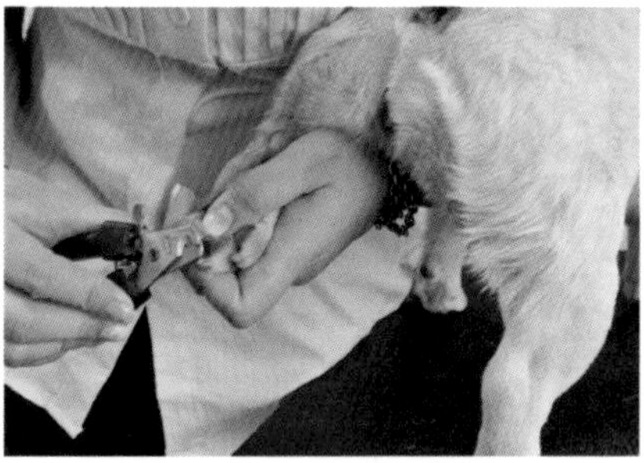

2 注意看狗狗的血線，然後用趾甲剪略向下傾斜，剪掉多餘的趾甲。一邊剪一邊變換角度，修剪時只需剪到與肉墊齊平就好。

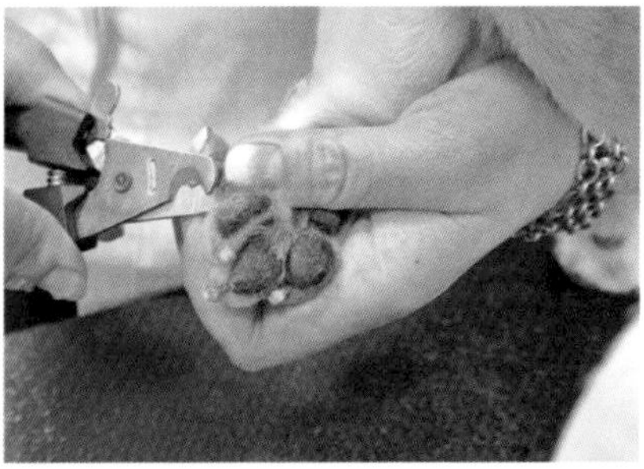

3 順便修剪肉墊上的毛，以防滑倒。

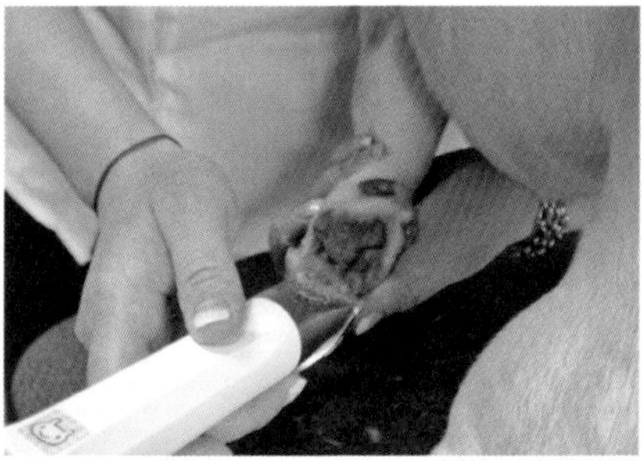

4 與肉墊齊平的趾甲。

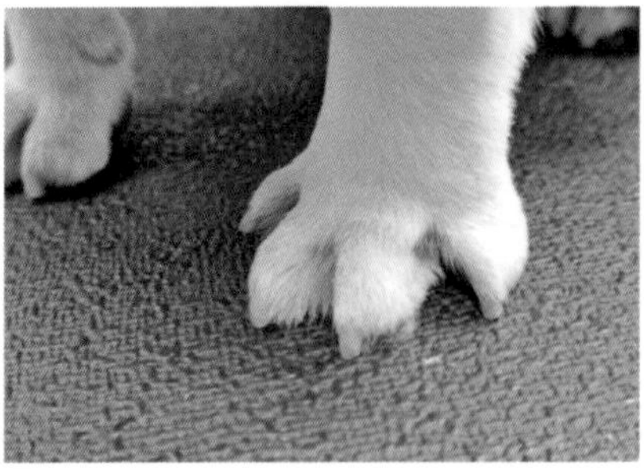

5 清爽的短趾甲，大功告成囉！

刷牙

牙齒的構造

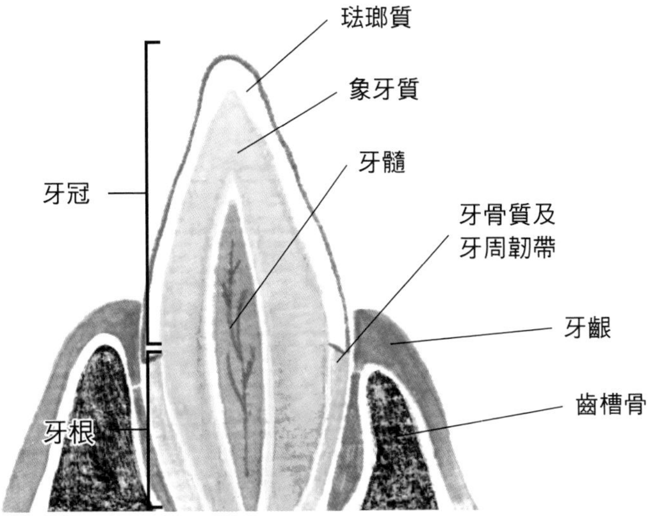

牙齒構造的介紹

狗狗的牙齒嵌在齒槽骨的凹槽裡，露出來的部分為牙冠，最外層則是堅硬的琺瑯質。埋在齒槽骨裡的則是牙根，牙根外層有一層牙骨質，並透過韌帶固定於齒槽骨。齒槽骨覆蓋的則是軟組織牙齦，負責血液的供應及保護。狗狗的牙齒應該要呈現白色，牙齦則為粉色。若是口中積有牙垢，牙齒會呈現為黃色或茶褐色，這時就該替狗狗刷牙囉！

為何要替愛犬刷牙

你喜歡和狗狗 kiss 嗎？你的愛犬是否有「口臭」的問題，總是讓你掩鼻欲嘔難以靠近？

飼主們都知道狗狗喜歡啃牙刷，但不見得喜歡刷牙。原則上狗狗的口腔環境是鹼性，比較不會有蛀牙的情形，但相對的，得到牙結石的機率會比較高。

當食物碎屑殘留於口中時，容易產生牙菌斑，累積後會形成牙結石，若再不處理就會演變成牙周病，影響狗狗的口腔健康，嚴重時甚至會脫牙。

狗狗的牙齒跟人類一樣，換齒後就不會再長了，也沒辦法幫狗狗裝上假牙，會影響到狗狗的進食與生活。

因此，飼主應建立正確的口腔保健觀念，才能讓愛犬擁有一口健康好牙。

準備工具

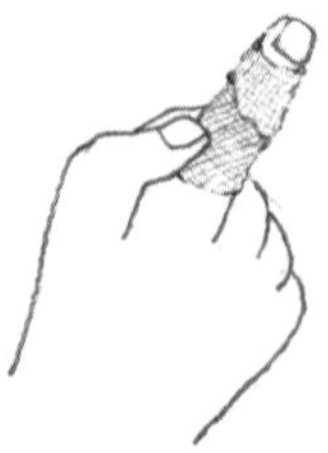

指頭牙刷

狗狗專用的牙刷

清潔牙齒的方法

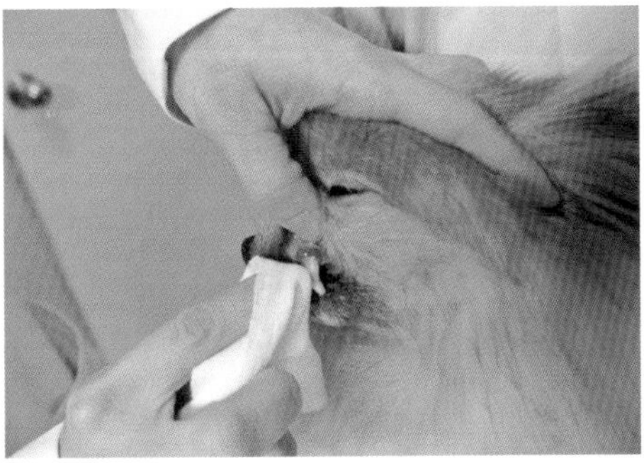

1 剪下適當長度的紗布，並纏繞於手指上。用沒有纏紗布的手將嘴唇翻起，再用紗布輕輕擦拭牙齒和牙齦，一邊查看是否有穢物，一邊上下左右擦拭。也可以先用生理食鹽水將紗布沾溼，然後依上述步驟進行清潔。

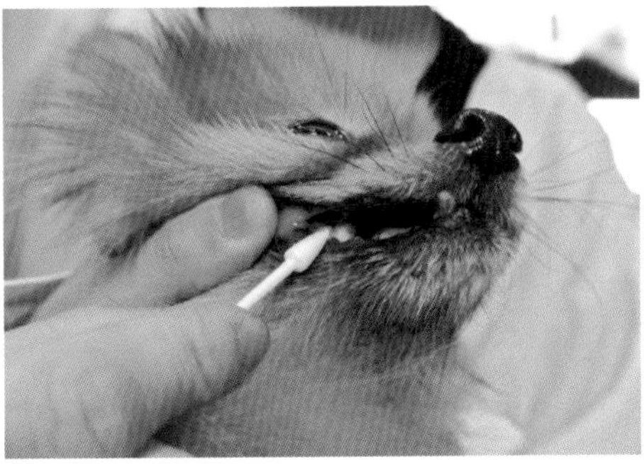

2 用棉花棒清潔牙縫及牙齒凹槽上的牙垢。使用棉花棒頭較細尖的款式，會使清潔更容易喔！

刷牙的正確方式

狗狗應使用專用的牙刷和牙膏，並於幼犬時期每天刷牙，使其適應刷牙的動作。刷牙時，狗狗應和飼主保持在同一高度上，並用食指和拇指撐開狗狗的嘴巴，使狗狗的牙齒露出，切忌過於用力，然後一邊畫圓一邊輕輕地刷，且臉頰兩側、前後的牙齒都要刷到，在換邊刷牙的時候動作不要太粗魯。注意牙縫處也要刷乾淨，這兩處都是牙菌斑容易積累的地方。除了牙刷以外，小型犬也可以使用紗布及棉棒清潔牙齒。

牙刷的選擇及其他輔助潔牙工具或食品

1. 選擇狗狗專用的牙刷

狗狗專用牙刷有較為柔軟的的刷毛，而且刷毛的角度也更適宜狗狗的嘴巴，使用人類的牙刷並不能完全適合狗狗。小狗適合用指套牙刷或紗布清潔，大狗還是建議用有手柄的牙刷，比較好控制。

2. 選擇狗狗專用的牙膏

狗狗專用的牙膏多半有特殊的口味，例如：雞肉或者花生醬，比較能討狗狗喜歡，有助於正向訓練。不要為了省錢而使用人的牙膏，因為狗狗刷完後不會吐出牙膏，吞太多人類牙膏的「氟」，可能會導致「氟中毒」。

3. 潔牙骨

外表像骨頭，表面有許多凹凸物的清潔犬牙的用品。在愛犬啃咬時，凹凸物與牙齒的內外表面以及牙縫摩擦，可以清除牙垢和食物殘渣。但醫師建議，還是需要每日為狗狗刷牙或以紗布清潔，潔牙骨並不能完全取代刷牙的效果。

4. 潔牙玩具

硬塑料製成，表面凹凸不平，能夠讓狗狗在咬著玩的同時清潔。有些產品的表面由特殊布料製成，有更多的凹凸，更加便於狗狗在遊戲的同時清潔牙齒。但醫師建議，仍然需要每日為狗狗刷牙或以紗布清潔，潔牙玩具並不能完全取代刷牙的效果。

5. 指頭牙刷

將牙刷做成指套的模樣，能

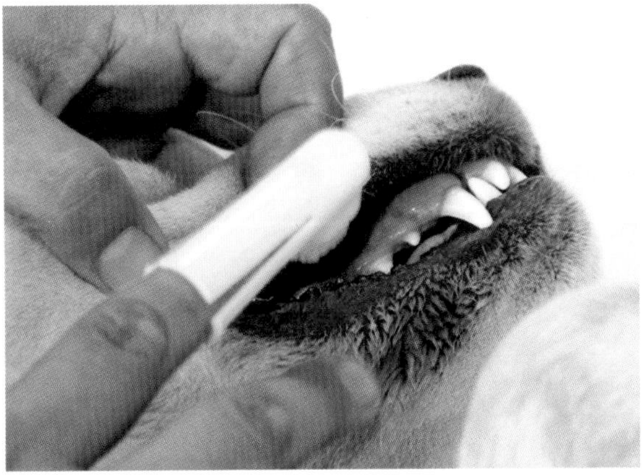

戴在手指上，比較容易操控，不會因牙刷手把太長而傷到狗狗牙齦。

牙齒的保健方式

1.讓狗狗習慣刷牙

一般建議從幼犬時期便開始讓狗狗習慣刷牙。若是沒在幼犬時期養成習慣，則狗狗可能會不太適應，需要飼主「人狗交戰」的努力。最開始可以只將牙刷放入狗狗口中，再給牠一些獎勵來培養正面回應，接著再刷外側的牙齒，最後要刷到內側的牙齒。這都要靠主人耐心且溫柔的誘導，並給予零食或口頭的獎賞，才能培養正確的潔牙習慣。

2.每日為狗狗清潔牙齒

醫師建議，應每日以狗牙刷或紗布繞指為愛犬清潔牙齒，以防牙菌斑的形成。飼主可以於「睡前」替狗狗清潔，比較不會反抗。

3.定期至獸醫院做專業洗牙

平時除了做好必要的日常護理，飼主也應該定期帶愛犬去獸醫院做專業洗牙。醫師建議，每年應至少到獸醫院檢查一次。七歲以後，則應每半年至獸醫院一次。若你家狗狗的牙齒已經積累了許多的牙垢（呈黃色或茶褐

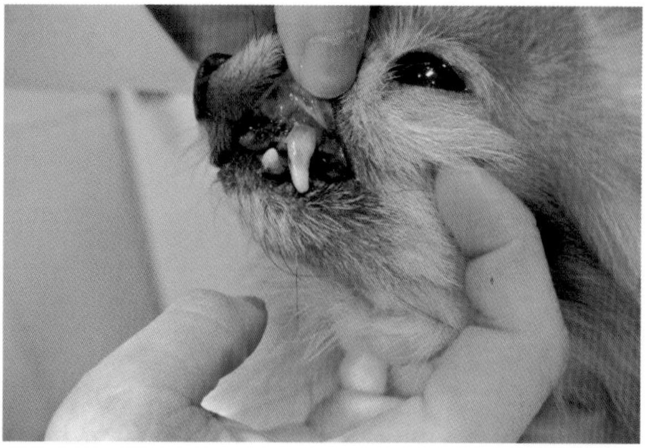

牙垢堆積。

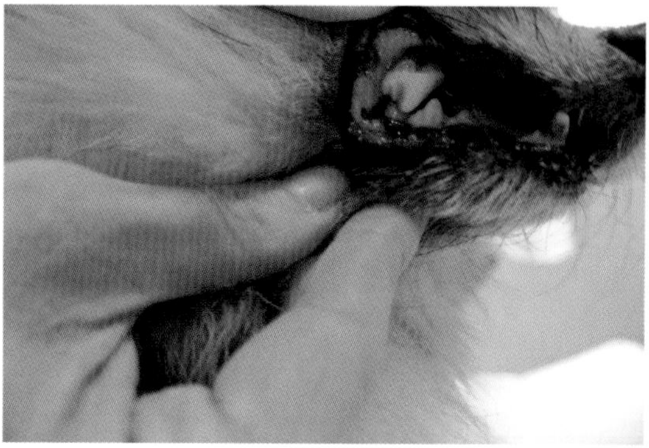

不健康的牙齒。

色），最好儘速送到獸醫院由專業人士處理。自行處理可能會因缺乏經驗而弄傷狗狗的牙齦和琺瑯質，導致口腔發炎之類的口腔疾病。

4.常見的口腔疾病：若是沒有定期為狗狗清潔牙齒，會形成牙結石，然後造成牙齦發炎，再嚴重一點，就會形成「牙周病」囉！牙周病會令牙肉腫脹、發炎及流血，造成牙齒大幅度的動搖，導致牙齒大量脫落。此時應儘速就醫。

清潔耳朵

耳朵的構造

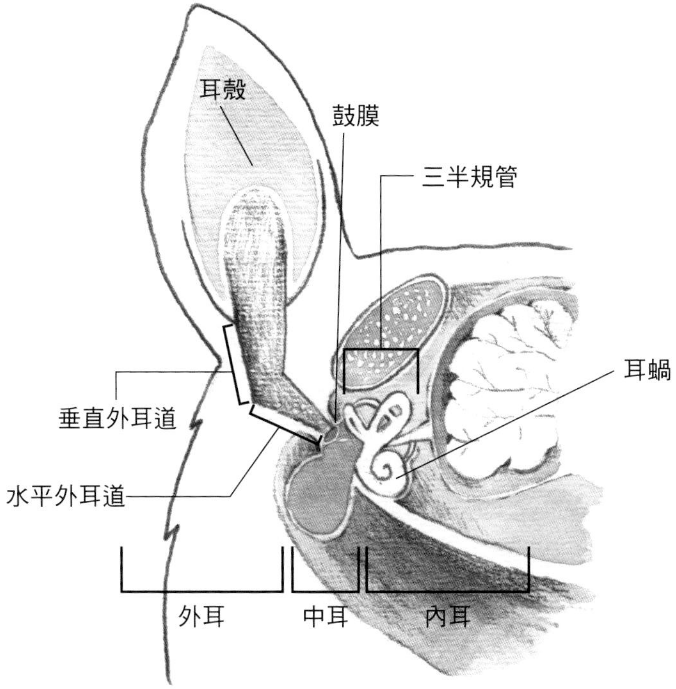

耳朵構造的介紹

狗狗的耳朵分為外耳、中耳和內耳。外耳包括耳廓、耳道和一些相關的神經和血管。

狗狗的耳道和人類的不同，構造比較接近L型，所以不宜使用棉花棒來清潔耳朵，容易把分泌物往耳道內推擠進去，根本無法有效的清潔耳垢，再加上棉花棒的摩擦容易使耳道壁受損發炎，所以要特別注意耳垢的清潔方式。

為何要清耳朵

附著在狗狗耳道內的分泌物，其成分多為洗澡時灌進耳朵的水滴、潮溼空氣中的水分、粉塵以及油脂分泌的聚合物，會阻塞耳道影響聽力，又易滋生細菌病毒和寄生蟲，因此給狗狗掏耳朵可是我們日常中不可忽視的一個工作。台灣屬於較潮溼高溫的氣候形態，垂耳或耳毛多的狗狗，很容易感染發炎，重複發生耳疾。經常保持耳道的乾燥，定期清除耳垢，需要飼主們從幼犬時便開始養成習慣，循序漸進才不會使狗狗抗拒。尤其是垂耳的狗狗因外耳蓋住耳道，在通風不良的情況下，容易滋生細菌，產生耳垢，所以特別需要注意。如果等到耳朵紅腫發炎再清理就醫，這時狗狗的耳朵會非常的敏感，清理時也會很疼痛，會讓狗狗留下非常不好的印象。

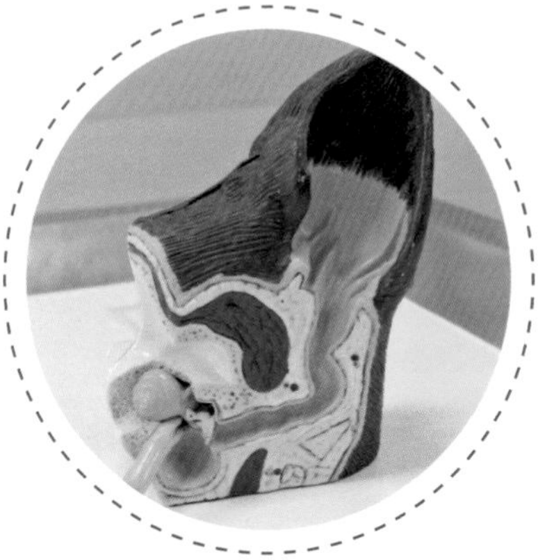

發現你家的狗狗老是甩頭、抓耳朵或是耳道有異味嗎？耳朵如果缺乏妥善照護，可能會從簡單的外耳炎變到嚴重的疾病呢！正確清潔的方式不難，讓我們從現在做起吧！

清耳朵的正確方式

清狗狗耳朵的工具

1.潔耳產品

醫師建議，儘量選擇大廠牌且有清楚標示的產品，因為潔耳產品為溶液狀，所以要選擇低刺激性的，才不會刺激到狗狗敏感的耳道喔！

2.拔耳毛的鉗子、爽耳粉

拔耳毛的鉗子可選擇止血鉗或鼻毛夾，小心地拔掉耳朵外側的毛。另外，在拔耳毛的同時使用爽耳粉能減少發炎的機會。

3.棉花球、棉花棒

使用一般的棉花棒，可以選擇棒頭呈尖狀且較小的產品。長柄的棉花棒在操作上比較好控制力道和方向。

1.清潔耳垢：

附著在寵物狗外耳廓上的汙物，我們稱之為「耳垢」，清除起來很方便，只要把牠耳朵旁的毛撩開，用手輕輕固定住耳廓，然後用棉花球或是棉花棒沾取生

準備工具

拔耳毛的鉗子

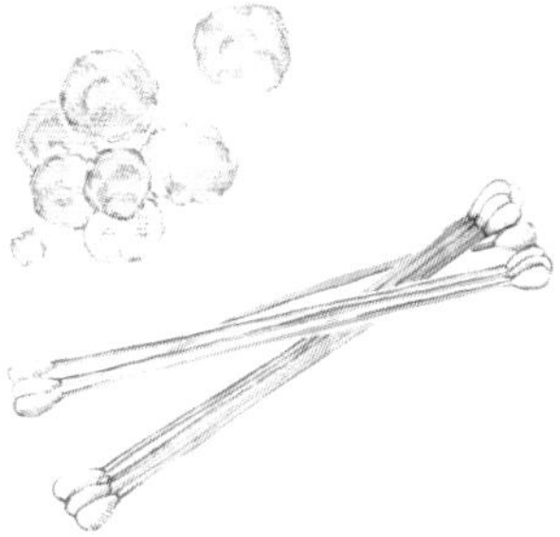

棉花棒（球）

清潔耳垢的方法

1 棉花棒上沾取潔耳用品。使用長柄的棉花棒，會比較好控制力道和方向喔！

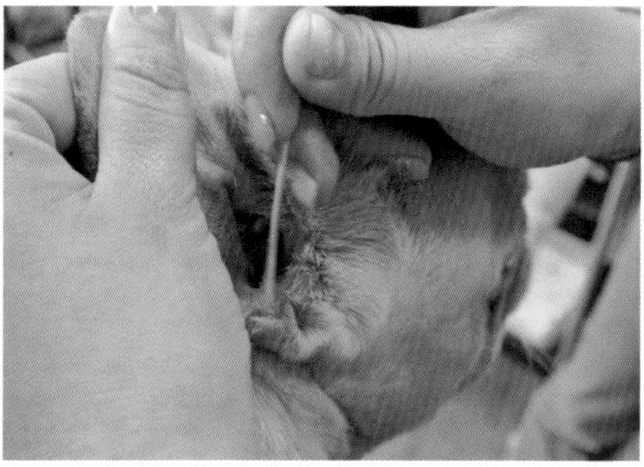

2 把耳朵翻開，用沾了潔耳用品的棉花棒清潔耳廓上的汙垢，記得不要將棉花棒深入耳道內，只要清潔外部即可。接著再用乾的紗布或棉花棒，把溼溼的部分擦乾，保持乾燥才不容易發炎或滋生細菌喔！

理食鹽水或護理產品，去除汙物即可。

2.清潔耳道：

在家中為狗狗護理耳朵時，可以輕輕的將清耳液滴入狗狗的耳道內，不必怕灌滿，接著按摩耳根部約60～90秒後，放手讓狗狗甩頭，再以衛生紙將甩出之汙垢擦拭乾淨即可。

3.拔耳毛讓耳朵通風：

狗狗的耳道內有耳毛叢生，

清潔耳道的方法

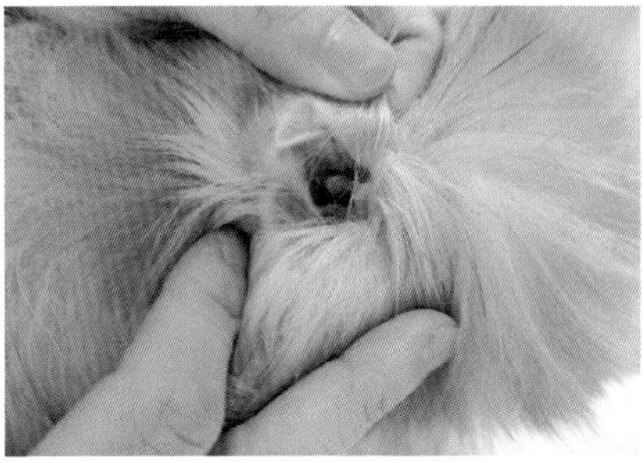

1 將狗狗確實固定住，翻開耳朵，露出耳道。

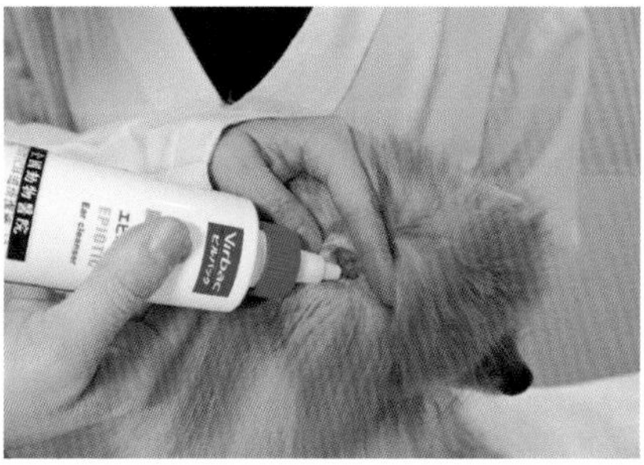

2 把潔耳液滴進耳道裡。記住動作要輕柔，並避免狗狗脫逃。

3 塞入棉花球至耳道內，輕輕推入即可，不要塞得太深喔！

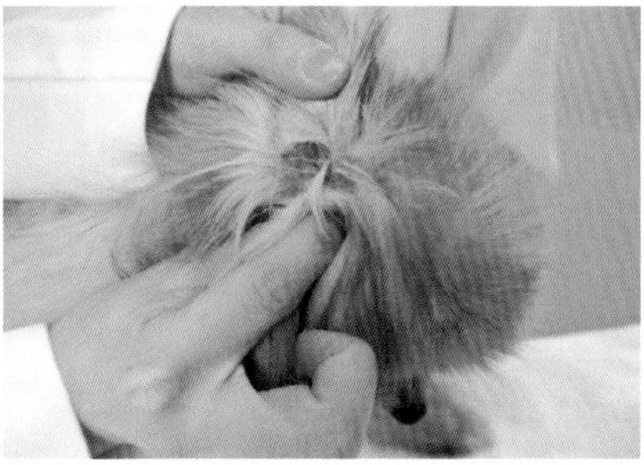

4 讓狗狗自己甩頭、甩耳朵，將汙垢附著在棉花球上。然後按摩耳道附近，讓耳垢比較容易附著在棉花球上。

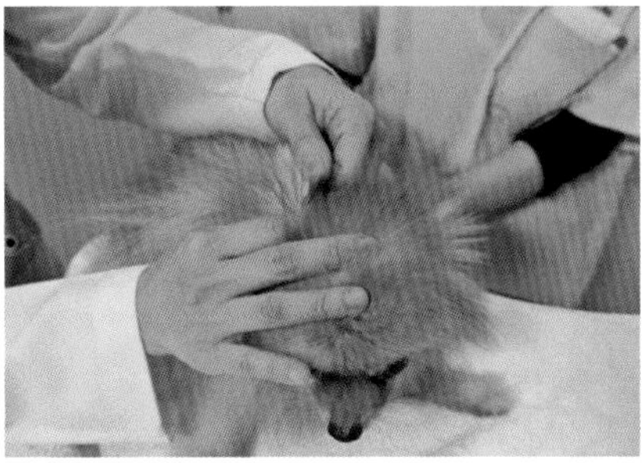

5 把棉花球取出就大功告成囉！

拔耳毛的方法

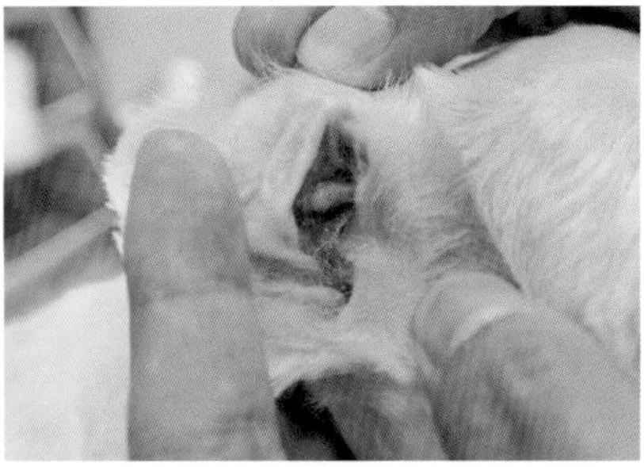

1 把狗狗的耳朵翻開。正常的耳道應該是乾淨呈粉紅色，沒有異味和汙垢物。耳道中間有細細小小的白毛，那就是「耳毛」囉！

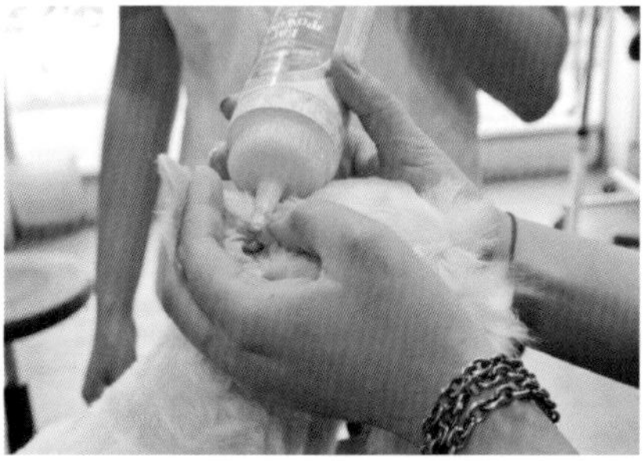

2 耳朵內側灑一些拔耳粉。

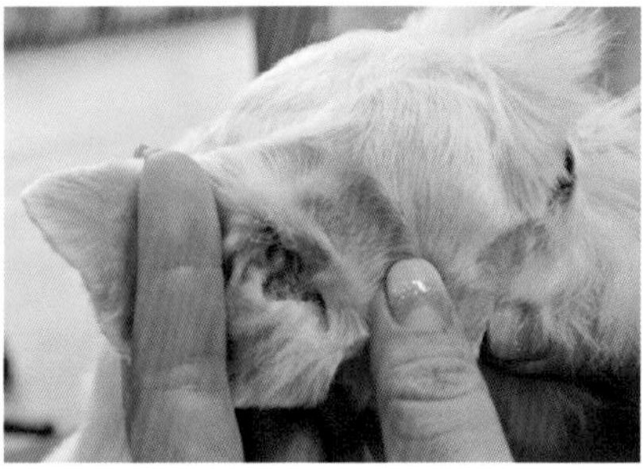

3 稍微按摩一下耳廓，讓耳毛都沾染到拔耳粉才容易拔除喔。

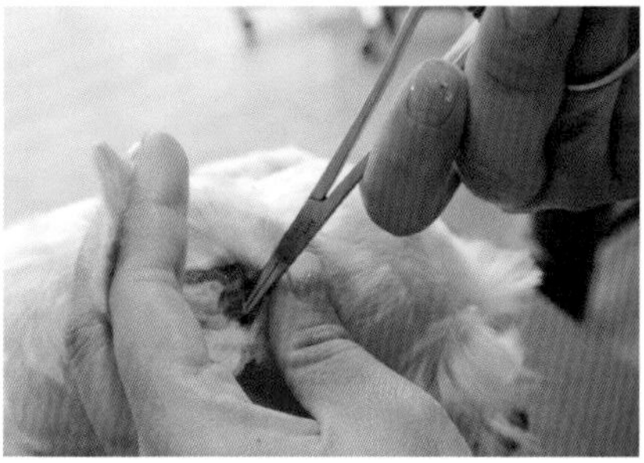

4 利用拔耳毛的鉗子逐一清除，動作需要快、狠、準，越俐落狗狗就越不感覺到痛，才不會抗拒拔耳毛。另外也要固定好狗狗，畢竟拿著鉗子對著敏感的耳朵，可是很容易受傷的呢！

使耳道的通風變差，不常清理的話，很容易滋生汙垢，甚至會有耳蟎的出現。拔耳毛能讓狗狗的耳朵有較好的通風，並且防止耳毛藏汙納垢，減少狗狗感染耳朵疾病的可能性。

耳朵的保健方式

1.保持乾燥清爽

耳朵容易藏汙納垢，在氣候溼熱的環境下，垂耳或長毛的狗狗耳朵很容易滋生細菌，因此平常就要保持乾燥。飼主們，替愛犬洗澡前，一定要先在耳朵內塞棉花球，避免耳道進水。若平時有弄溼的話，也要記得用吹風機或是紗布，使耳朵保持乾燥！

2.定期護理耳朵

清耳垢、耳道、拔耳毛，這三招缺一不可。如果藏有耳垢，卡在耳毛上，非常容易導致耳朵發炎。所以每一到兩個星期，就應該為狗狗做一次耳朵護理，並且使用潔耳產品。因為耳朵屬於敏感區域，所以應該從小讓狗狗習慣護理耳朵，若狗狗容易驚慌，記得請旁人幫忙固定狗狗，儘量平緩狗狗心情，護理結束後，給個口頭或食物獎勵，才會讓狗狗留下好印象，不再抗拒！

3.若有異常情況應先就醫

常見的耳朵疾病有外耳炎、黴菌、細菌感染等等，當發現狗狗的耳朵有不明的分泌物，感覺溼溼的，外觀皮膚看起來紅紅腫腫的，不停的抓耳朵、甩頭，或者是歪著頭時，請先停止耳朵護理的程序，儘速到獸醫院報到。

如何清除淚痕

你家的狗狗是否老是淚眼汪汪，眼睛下方總是掛著兩條又黑又紅的淚痕？

可別以為狗狗是故意裝出這種惹人憐愛的模樣，或是一種對主人深情款款的表現。

淚痕問題必須妥善處理，否則不論飼主每天怎麼清潔也擦不乾淨。身為好主人的你，是時候注意狗狗的淚腺問題啦！

淚腺器官的介紹

淚腺是眼睛的一個附屬器官（也可以稱作是排水器官），主要功能在於分泌淚液、滋潤眼球，也可以用來抗菌、保護眼球健康。

正常情況下，淚腺分泌淚液滋潤眼球後，會通過鼻淚管進入鼻腔，通往嘴巴、鼻頭，所以不會從眼角流出。

淚痕形成的原因是因為過多的眼淚溢出眼眶外，淚水中含有易氧化的乳鐵蛋白成分，和空氣接觸而形成紅棕色的氧化物，在外觀上看起來就像生鏽的顏色，若是久未清除，就會變成黑色，看上去不甚雅觀。

有些品種的狗狗，因為下顎短小，臉比較扁，導致淚水無法及時從鼻淚管排出，所以經常會在眼睛下方掛著兩條黑黑的淚痕，例如短顎的巴戈犬、西施犬就經常發生這樣的狀況。也有的品種天生好發淚痕，例如貴賓狗和瑪爾濟斯等，這時候飼主就要多加注意啦！

發生淚痕的常見原因

由於淚腺是個排水器官，所以會導致狗狗淚腺刺激，分泌淚液的原因都有可能會造成淚痕的情況。

基本上可以分為以下幾種：

1.眼球外刺激

花粉、植物碎屑掉入眼球內，或者是常見的睫毛倒插情況，都會導致狗狗的眼球受到刺激，產生淚液的反射性分泌。太多眼淚使得鼻淚管疏通不及，就會在眼睛下方產生醜醜的淚痕。

2.鼻淚管阻塞、發炎

若是狗狗先天上在鼻淚管系統就有缺陷，或者發育異常，例如較短顎的品種導致鼻淚管較狹窄，就容易發生阻塞、反覆發炎的情況。這是一種非常容易復發的疾病。

3.眼睛充血（結膜充血）

當狗狗眼睛充血時，會看見狗狗瞇瞇眼，或是用手摩擦眼睛的行為產生，此時要格外注意，狗狗的角膜可能有刮傷，導致淚流不止。

若是發現家中的狗狗眼睛下方有紅紅黑黑的淚痕，醫師建議，第一步驟應該先行就醫，確認狗狗發生淚痕的確切原因，然後進行治療。

爾後，可經由醫師推薦，自行在家使用除淚痕產品，進行居家的定期保養，才能維護狗狗眼睛的健康喔！

除淚痕的產品

淚痕發生的原因不勝枚舉，很難完全清除，也不容易根治，醫師建議若有淚痕的發生，一定要以正規藥品的治療為主。也可輔助使用市面上的除淚痕產品，選擇大廠牌、有清楚標示的，較為安全。

因為這一類的產品大多是滴劑，所以請儘量選擇低刺激的溶液，對狗狗比較好。此外，也可以補充「顧眼睛」的健康營養補充品，例如含有氨基酸的產品，或者是含有葉黃素成分的，都可以維護眼睛的健康喔！

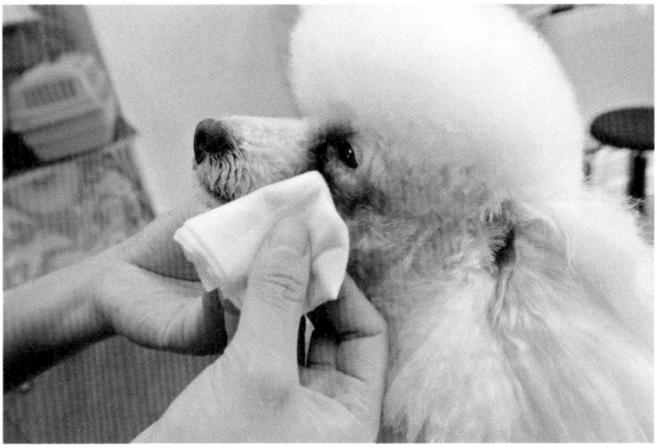

清除淚痕的正確方式

1.就醫

先至醫院看診，確認發生淚痕的原因，聽從醫師指示，進行藥物治療或者手術。

2.居家清潔

平常可用生理食鹽水沾溼衛生紙或棉花，輕柔的往眼角擦拭至遠離眼睛的地方，然後再以乾的衛生紙將水分擦乾，保持清爽乾燥，避免溼疹發生。建議飼主在家可以每日清潔。還有，使用低刺激性的清潔淚痕產品，也是一個不錯的居家照護方式。

3.修剪毛髮

以較小型的電動推剪，小心的修剪剃除眼睛下方有淚痕的毛髮，記住不要傷到狗狗，電剪的聲音經常會使狗狗驚慌，所以要特別固定住狗狗，若是不熟練，建議帶往寵物美容機構處理。

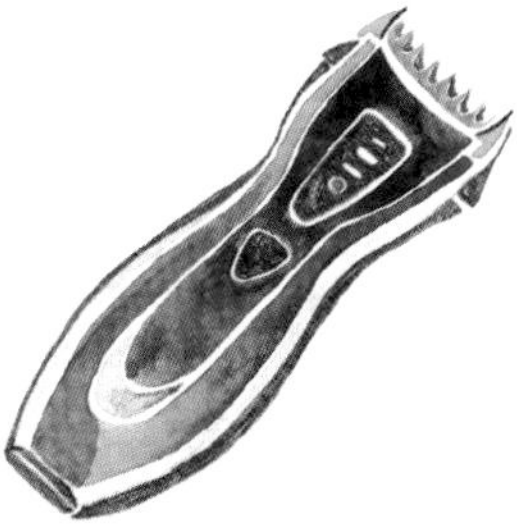

小型的電動推剪

如何輕鬆除去煩人的寄生蟲

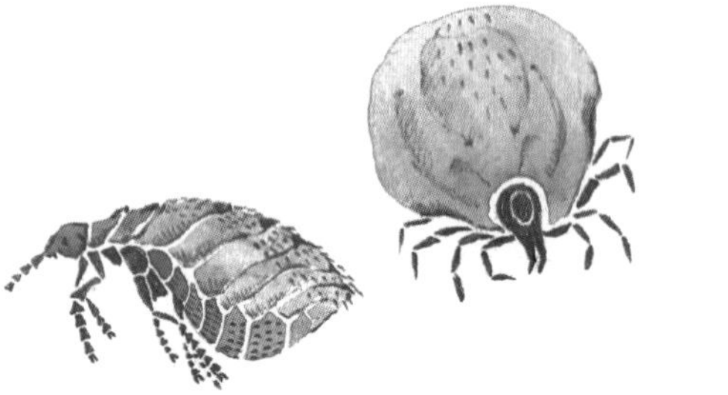

外寄生蟲

內寄生蟲

這裡癢、那裡也癢，你家的狗狗是否整日都在抓癢，或滑稽的在地上摩來摩去。

這樣的行為也許很有趣，但是飼主們請小心，狗狗身上的寄生蟲可能正在蠢蠢欲動，又是時候該定期驅蟲啦！以下為您介紹除去寄生蟲的簡單方法，讓你的愛犬和家人們都能免於寄生蟲的干擾。

常見的寄生蟲以及可能出現的症狀

寄生蟲可分為內寄生蟲和外寄生蟲。前者主要寄生於狗狗體內、腸胃內，而外寄生蟲主要可發現於皮膚之上，肉眼可見。

1. 外寄生蟲

肉眼可見於皮膚之上，較常見的有跳蚤、壁蝨、蟎和蝨子。這類型的寄生蟲通常會導致皮膚病，讓狗狗反覆抓癢，造成脫毛現象，若是不處理，寄生蟲也可能跑到人類身上叮咬。如果發現狗狗開始有摩地、脫毛或嚴重抓癢的情況出現，建議先帶至獸醫院驅蟲，或是自行購買驅蟲滴劑等相關產品使用。

2. 內寄生蟲

常見寄生於狗狗體內的寄生蟲，有蛔蟲、鉤蟲等。飼主較不易發現症狀，若發現狗狗有上吐下瀉或者糞便內有蟲、無精打采之時，醫師建議，應儘速帶往獸醫院就診。內寄生蟲症狀較多且複雜，須由醫師做專業的診斷，不建議自行購買藥物處理，以免發生更嚴重的症狀。

如何清除跳蚤壁蝨等寄生蟲

1. 看診

若飼主發現愛犬有任何外觀上或行為上的改變與不適，都應先立即就診。

寄生蟲感染時所產生的態樣複雜，很可能會有發燒、嘔吐、精神不濟或是皮膚疹等狀況發生，飼主不易判斷，為避免嚴重的情況發生，還是交由專業醫師來處理較為妥當。

防蚤產品

洗毛精和護毛精

防蚤產品的比較與選擇

市面上的防蚤產品很多，大多是屬於滴劑的類型，也有噴霧的型態。醫師認為大部分的產品功能都很完備，只要注意選擇較大型的廠牌為主，並按照上面的指示使用即可。

2.定期使用驅蟲產品

主要是用於外寄生蟲的情況，也就是附著在皮膚上的跳蚤、蟎、壁蝨等。醫師建議，狗狗應定期使用驅蟲滴劑，可自行購買市面上的產品使用，也可帶至醫院由醫師來協助。

3.洗澡

洗澡可以減少寄生蟲沾附的機會，尤其是長毛狗容易藏汙納垢，更應該定期洗澡（約一個星期一次）。洗澡時要注意狗狗的腳底、耳朵內褶、肛門等處容易藏有寄生蟲的地方。

肛門腺的清潔

肛門腺的構造

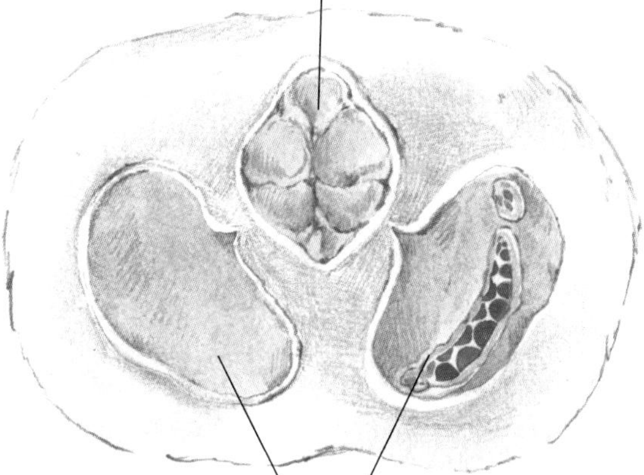

費盡心力幫狗狗驅蟲、洗澡後，可別忘了最容易忽略的肛門腺喔！

幫狗狗定期清理肛門腺，並不是一般飼主熟知的事項，卻是很重要的觀念。

定期清除肛門腺體，可以讓狗狗減少一點異味，避免肛門腺腫大。若是看見你家的狗狗在地上磨蹭臀部，就代表是時候清理肛門腺囉！

肛門腺的介紹

肛門腺位於肛門兩側偏下方，是專門分泌特殊刺激性的氣體來劃分地域的一個分泌腺體，屬於未退化完全的器官。

肛門腺位於肛門四與八點鐘的位置上，開口向外。以肉眼觀察會有兩塊稍微腫起，那便是肛門腺了。肛門腺發炎會讓狗狗產生腫脹、不適，氣味難聞且略為發炎，嚴重阻塞時則需要到醫院做清創手術。

為什麼要替狗狗清理肛門腺？

狗狗身上的臭味，主要來源就是肛門腺。定期幫狗狗擠肛門腺，不僅可以清除體臭，還可以避免肛門腺炎症的發生。

肛門腺炎症的症狀

如果肛門腺出了問題，狗狗會有以下不正常的行為表現：舔肛門、在地上磨蹭臀部、追尾巴，或者舔咬尾根，產生腫塊，狗狗精神不濟或是便祕。

肛門腺的清理頻率

為了預防肛門腺炎症的發生，一般一至兩週的時間就應該清理一次肛門腺。

肛門腺液通常是不會自行排出的，故需要主人的努力來保持狗狗的健康。若是在擠肛門腺時不小心弄傷狗狗，導致發炎時，應儘速到醫院就診並消炎消腫。

正確清潔肛門腺的方式

因小型犬和大型犬肌肉厚度不同，故正確清理的方式也不同。通常建議大型犬肛門腺的清理應由獸醫院或專業美容師處理較為妥當喔。

1.清理肛門腺

一般來說，正常狗狗的肛門腺分泌物呈液體狀、淺黃棕色，伴有一定的味道。

如果腺體已經被阻塞了一段

清潔肛門腺的方法

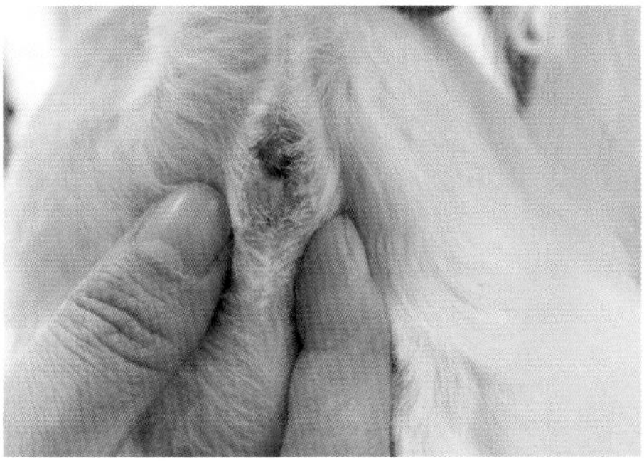

1 肛門腺圖：用食指和拇指在肛門正下方的四點和八點鐘的位置摸索，可以摸到兩個鼓起的小包，這就是肛門腺。

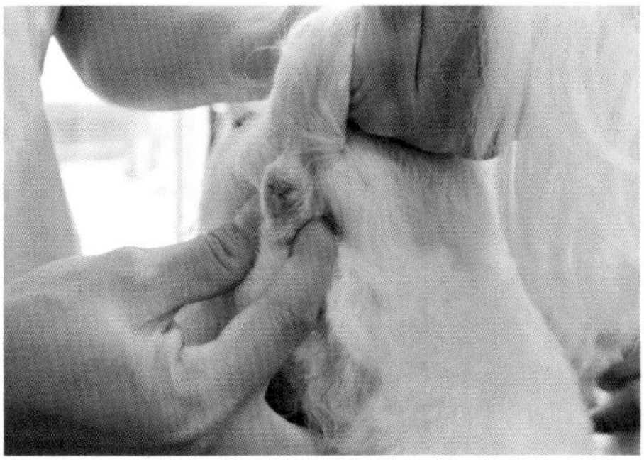

2 擠肛門腺：由輕到重，擠壓重複數次。如果之前有找到肛門腺的正確位置，那麼我們很快就會聽到肛門腺內液體出來的聲音。

時間，分泌物會像牙膏一樣被擠出，呈現深褐色，通常只需輕輕擠壓便可流出來。

2.肛門的清潔：

除了肛門腺以外，平日就應該保持狗狗肛門附近的清潔。為了防止糞便沾染而使細菌滋生，可以將肛門附近的毛髮剪短來保持清潔，同時也有預防肛門腺發炎的效果。

清潔肛門的方法

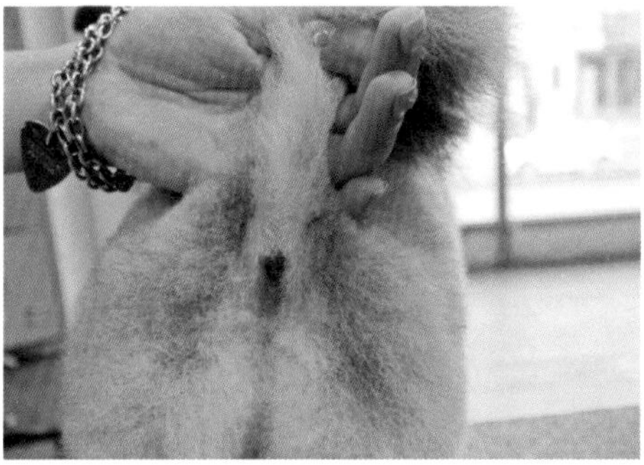

1 確認肛門位置：肛門處皮膚較為柔軟，故容易受傷，所以先確認好肛門的位置才不會誤傷到狗狗。

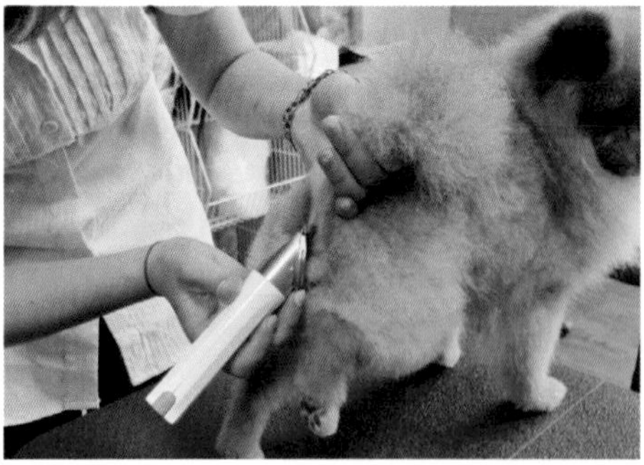

2 修剪前先將沾有穢物的毛解開，並以寵物用洗毛精清潔乾淨。固定狗狗不亂動，以電動推剪或是剪刀，以肛門為中心，剪掉附近的毛髮。

專欄

狗狗基礎保健知識

飲食篇

1. 如何幫狗狗挑選適合的狗食？

醫師建議，挑選狗食時，應選擇較大型的廠牌，對營養成分標示清楚，且對食用建議有所標明的品牌。狗食有不同的配方，例如室內犬、室外犬或是有腎臟病、心臟病甚至是減肥狗食等，飼主可以依照狗狗不同的需求來選擇適當的狗食。

選購時要特別注意狗食的包裝是否完整，製造日期是否在期限內，以免吃到過期又潮溼的危險狗食。

2.人類主食Vs.生食、鮮食大檢驗

剩菜剩飯不適合餵狗狗。因為人類的飲食對狗狗而言，是高油脂、高鹽分的，容易造成肥胖和腎臟病等問題，飼主一定要小心，千萬別餵自家的狗狗吃人類的剩菜剩飯。

未經烹調的生肉基本上不適合狗狗食用，因為會有衛生上的疑慮，而且含菌量過高也會使得生肉產生變質。

除此之外，也不要餵狗狗吃生雞蛋，因為生雞蛋內含的酵素會破壞狗狗的消化道。大部分的狗狗都有乳糖不耐症，所以一般市面上的牛奶，也要儘量避免讓狗狗飲用。

按照狗狗食譜費心烹調的鮮食，只要注意不要以高鹽分、高油脂的方式烹調，基本上是適合狗狗的。

請記得，狗狗是雜食性動物，所以不能只餵狗狗吃單一食物，也要注意食物的營養均衡，才能保持健康。

3.保健營養品的必要性？

一般而言，若是選對適當的狗食，基本上不需要額外補充營養品。狗食內含的營養成分已經很足夠。但若是自行烹調鮮食給狗狗吃，為避免營養不均，可以讓狗狗服用綜合維他命。

4. 狗狗不能吃的地雷食物有哪些？

葡萄類、櫻桃類的水果會導致腎臟方面的疾病；洋蔥、薑、蒜等蔥科與薑科植物則會導致溶血問題；人類的零食因為高油高鹽也要避免；巧克力、酒類、汽水則含有咖啡因，也對狗狗有害。另外要避免讓狗狗啃咬碎骨頭，碎骨頭不好消化，容易產生腸胃道的疾病。請記得，只要不能確定食物是否安全，就不要提供餵食。

活動力篇

1. 狗狗適當的散步頻率？

醫師建議每天至少帶你的狗狗早晚各散步半小時以上喔！活動力強的狗狗，抵抗力也強，雖然可能會比較頑皮，但卻是健康的表徵。若是沒有經常散步，可能會導致狗狗悶悶不樂，開始破壞家具，甚至有過度舔腳而脫毛的現象，這些都是狗狗開始感到憂鬱的前兆。多多散步、增加活動力，會讓狗狗健康又快樂。一般而言，大型犬的活動力會高於小型犬，而年紀小的狗狗，精力也較旺盛，需要更多的時間和空間跑跑跳跳來促進發育。如果狗狗有不愛跑跳、縮手縮腳或是開始習慣偏用某一隻腳，近期精神和活動力下降的現象，那可能是罹患了常見的關節炎。關節炎不分年齡，是一種退化導致關節發炎的情況，也是獸醫師經常治療的一種慢性疼痛之一。畢竟狗狗不會說話，因此飼主還是得費心注意狗狗的行為，儘早就醫。

專欄

常見的寄生蟲特徵及治療方式介紹

類型	名稱	特徵	寄生處	危險度	容易引起的疾病	治療方式
體外寄生蟲	跳蚤 	體表上肉眼可見黑色的小蟲且移動快速。	體表	★★★★★	容易媒介胃腸道寄生蟲。	醫生投藥治療
	壁蝨 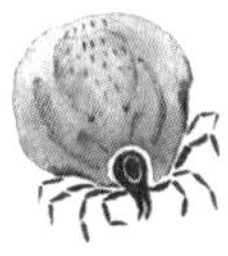	暗紅色的外觀，會吸住皮膚不動。	體表	★★★★☆	血液傳染病。	醫生投藥治療
	毛蟎 	肉眼可見，症狀有掉毛、搔癢等。	體表	★★☆☆☆	容易引起人類的過敏性皮膚炎。	醫生投藥治療
血液寄生蟲	大、小焦蟲 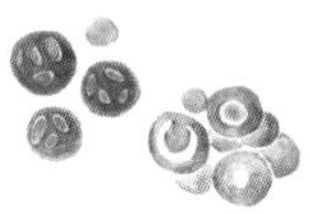	狗狗會發燒、貧血、食慾不振等。	寄生在紅血球內	★★★★☆	急性貧血、衰弱死亡。	醫生投藥治療
	艾麗希體 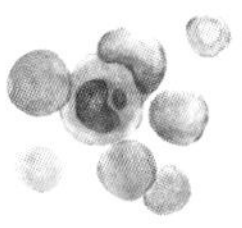	狗狗會食慾不振、精神萎靡、體重減輕。	寄生在白血球或血小板內	★★★★★	高燒、全身器官衰竭等，死亡率高。	醫生投藥治療
胃腸道寄生蟲	蛔蟲 	肉眼可見長條狀，大便時會排出來。	胃腸道	★★★★☆	狗狗大肚子、消瘦、食慾不振。	醫生投藥治療
	條蟲 	白色或粉色的條狀蟲。肛門會搔癢，肉眼可見。	胃腸道	★★★★☆	跳蚤媒介引起，會使狗狗食慾不振、消瘦。	醫生投藥治療

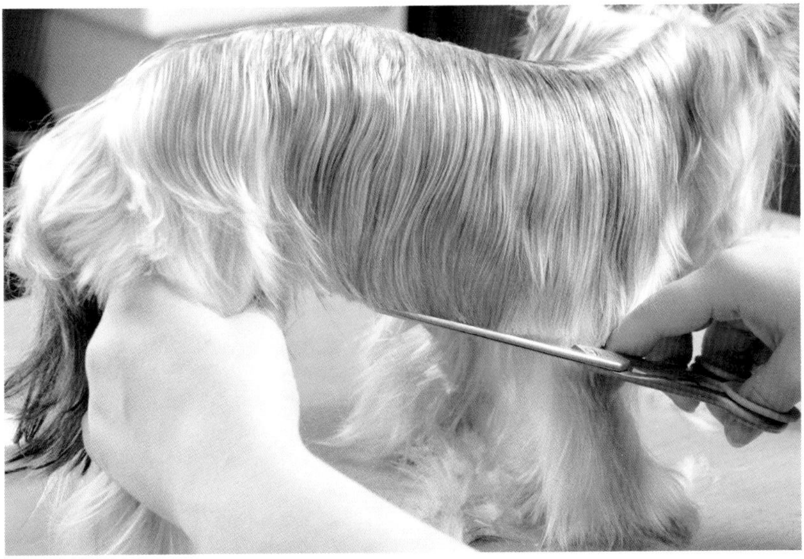

第二招
讓毛健康又漂亮

台灣的天氣又溼又熱，若是不替狗狗打理好毛髮，除了容易感染皮膚疾病以外，悶熱的感受，也會讓愛犬相當不舒服喔！
各位主人們，每天一次，花費五分鐘，替寶貝狗狗好好梳毛吧！

幫愛犬梳毛

梳毛方式

　　別以為梳毛只能照顧到狗狗外觀的美麗，其實，梳毛對狗狗的健康也是相當重要的。

　　狗狗的毛又密又軟，還會因為季節的變換而大量掉毛，通常是在春、秋兩季，定期梳理不僅能替牠梳走廢毛，讓新毛、舊毛不會交纏在一起，更避免狗狗因為舔舐體毛而吃到自己的毛髮，影響消化器官。

怎麼梳毛狗狗最舒服

1. 先安撫：取得狗狗信任

梳毛是跟狗狗建立感情最好的機會，梳毛前先將狗狗放至腿上或是輕輕撫摸牠，待牠感到安心之後再來梳理，之後在梳理的過程中就會輕鬆許多。

2. 準備工具：針梳與排梳

在梳理狗狗的毛髮時，應該使用專門的美容工具。人類使用

準備工具

橡膠軟刷

針梳

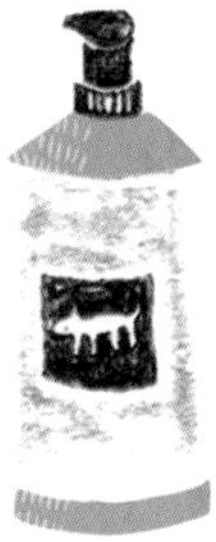

順毛液

排梳

豬鬃毛刷

的梳子和刷子是梳不開狗狗糾結的毛髮的。

當感覺到狗狗放鬆之後，要先從背部開始用手檢查是否有打結之處，一但發現打結處可先用針梳慢慢梳開。

這時候為了不弄痛狗狗，動作一定要輕柔，所以必須有點耐心的處理，用手腕的力量來控制梳子。

等糾結處散開之後，即可用排梳來進行梳理，一定要確保全身的毛髮都梳理順了才算完成梳毛動作。

只要一但發現有毛髮糾結，或是梳理不順時，就要使用針梳處理，排梳是在最後做檢查的時候才使用。

要是狗狗對這一切都非常享受的話，以後就不必為梳毛而傷腦筋了。

反之，若在梳毛時為求梳順毛髮而使勁拉扯，會讓狗狗感到疼痛，有可能會使狗狗對梳毛的護理留下不好的印象，下次只要飼主拿出梳子，狗狗就會躲起來或是感到不安，排斥讓人做梳毛的護理。

梳毛的時候是飼主與愛犬彼此溝通與聯絡感情的好時機，只要狗狗願意乖乖讓人梳理完成，就可以大大的獎賞狗狗，讓狗狗不再畏懼梳毛，甚至期待起梳毛的時間。

常用的梳理工具介紹：

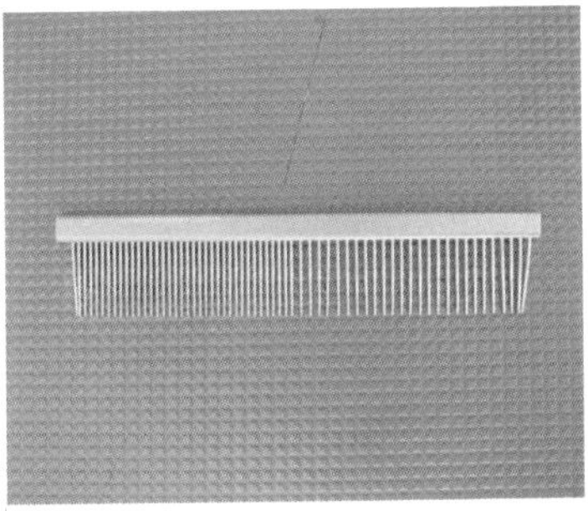

排梳

標準的排梳齒距為一邊寬一邊窄，使用順序應為先寬再窄，可用來處理毛打結的部分和梳理廢毛。

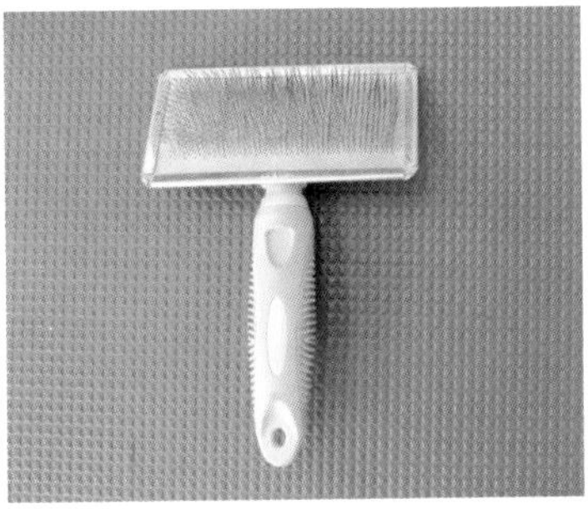

針梳

一般而言，針梳適用在所有的犬種，主要功能在將毛髮梳順，並將廢毛梳理掉，是每個狗主人居家必備物品。

順毛液

有些狗狗的毛質不好，或者是長毛的狗狗毛質較為乾燥、難以梳開時，在梳毛前可以先噴灑順毛液在毛上，會使毛較為柔順好梳理。

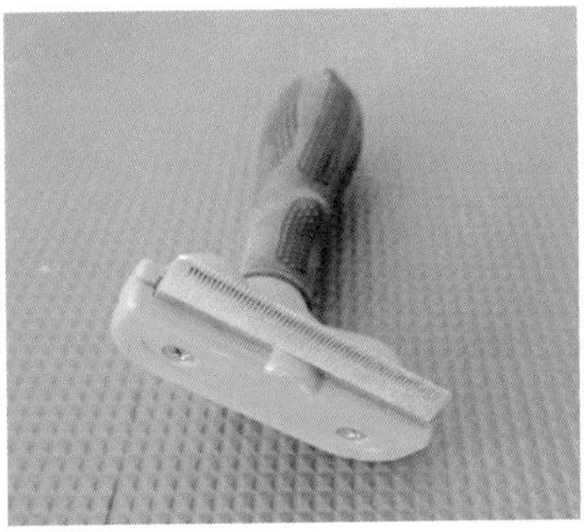

整毛梳

主要是用於有雙層被毛的狗狗，其毛量較豐厚，在洗澡前應先用整毛梳梳理全身廢毛，然後再用針梳梳順。

不藏私的狗狗美容梳毛技巧：捲毛狗的梳毛技巧（貴賓狗）

在狗狗洗澡前，一定要先使用針梳和排梳將狗狗全身的毛髮梳開，避免打結的毛髮在沖溼以後打結的更嚴重。

事前的梳理也可以初步清除毛髮上的髒汙、油垢和汰換的毛髮，讓整個清潔過程更加徹底與簡便。

準備工具

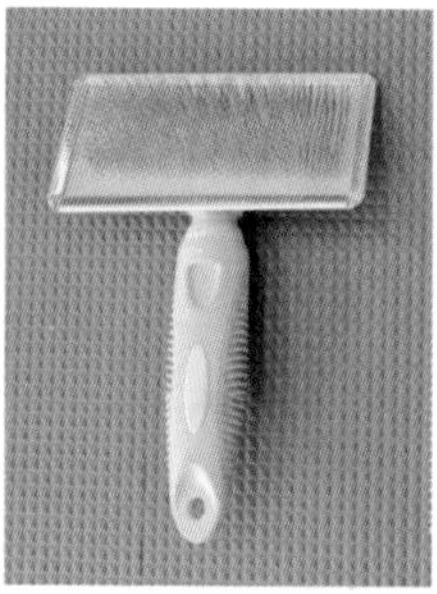

針梳

順毛液

排梳

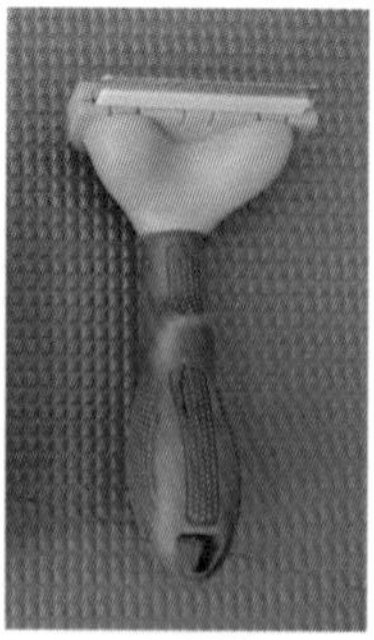

整毛梳

1 梳理身體：與狗狗處在相對的位置，將它放在與自己身體平高的地方，才能固定住狗狗。

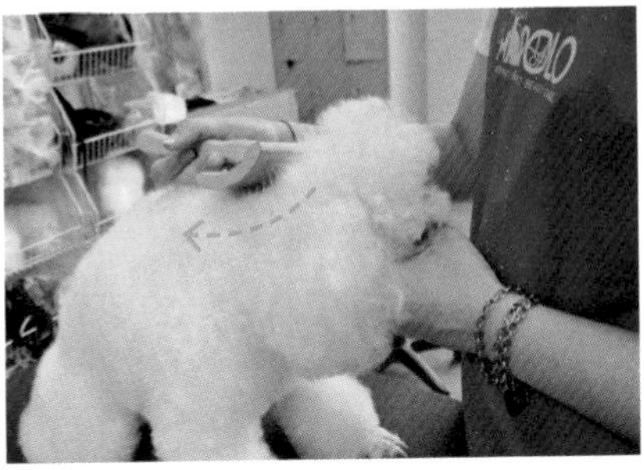

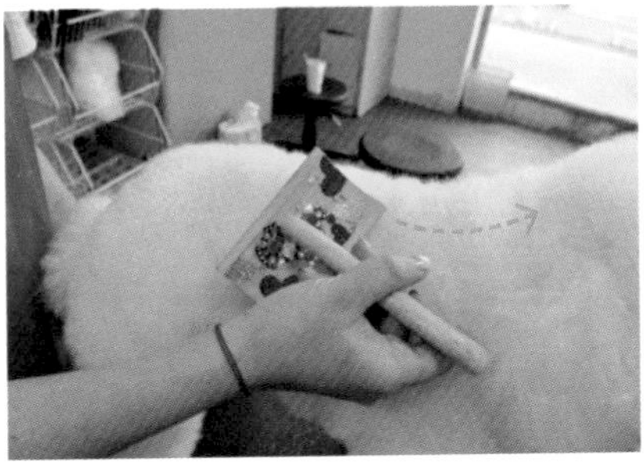

2 先用針梳順著毛梳理，然後再反過來逆著毛梳，這樣就可以把多餘的毛髮和髒汙仔細的梳掉。

3 梳理四肢的部分：請先抓住狗狗的大關節。

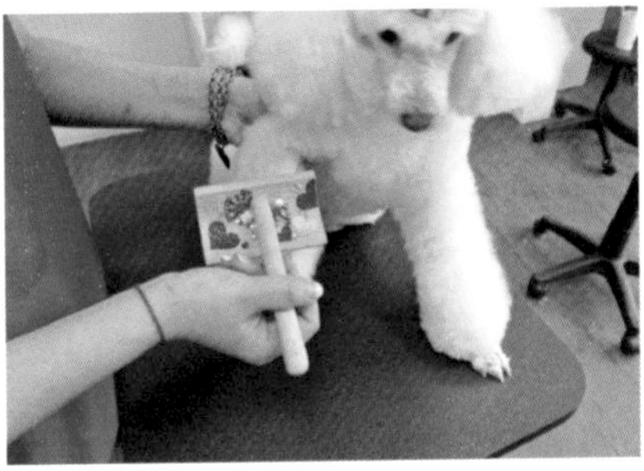

4 然後由上往下梳，接著再反著梳回去即可。

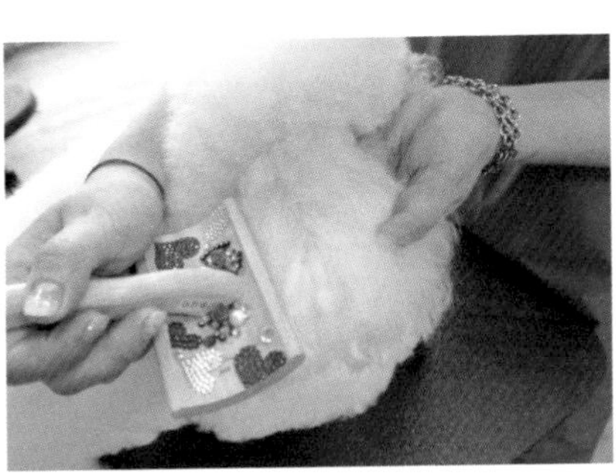

5 手掌朝上，拖住狗狗的耳朵再進行梳理，才不會拉扯到耳朵！

不藏私的狗狗美容梳毛技巧：長毛狗的梳毛技巧（長毛臘腸狗）

長毛狗的毛髮較容易打結，應該順著毛的方向，分層梳理。如果遇見結團的毛塊，可以先用手慢慢掰開後再梳順，若已經結成球狀，則建議用剪刀剪掉。另外，在梳理時使用護毛液來滋潤毛髮，也會比較不毛躁而容易梳理喔！

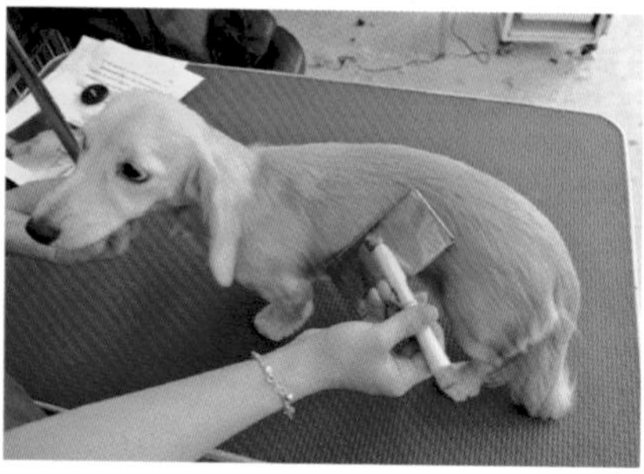

1 先用針梳梳理身體的部分，並由上往下梳開。

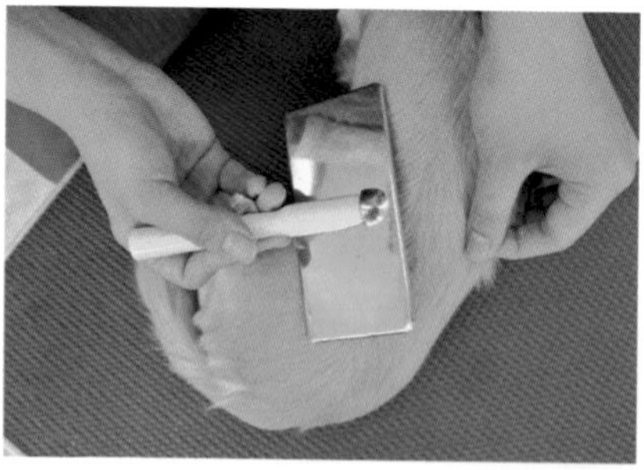

2 若遇到打結的部分，先用手輕輕掰開，再用針梳一絲一毫的慢慢梳開，別忘記要用手固定住毛髮，才不會在梳毛的時候弄痛狗狗喔！

3　梳理大關節的部分，要用手固定住關節，再由上往下梳理，才不會因為狗狗亂動而傷了關節。

4　腿內側和關節處是最容易打結的地方，可以多噴一些順毛液，再仔細梳開。

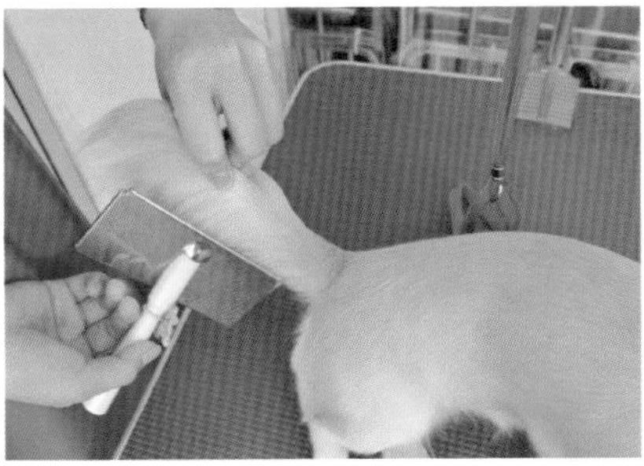

5　輕柔的抬起尾巴，並順著毛流梳理尾巴的毛髮。

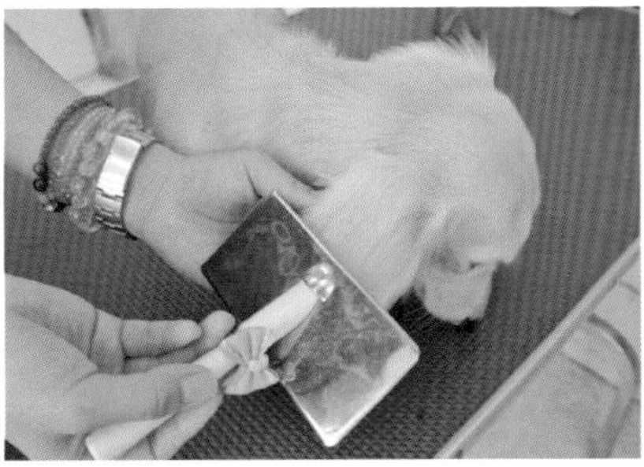

6　把手墊在耳朵內側，固定住耳朵，然後用針梳梳順，才不會因為過度拉扯讓狗狗疼痛。

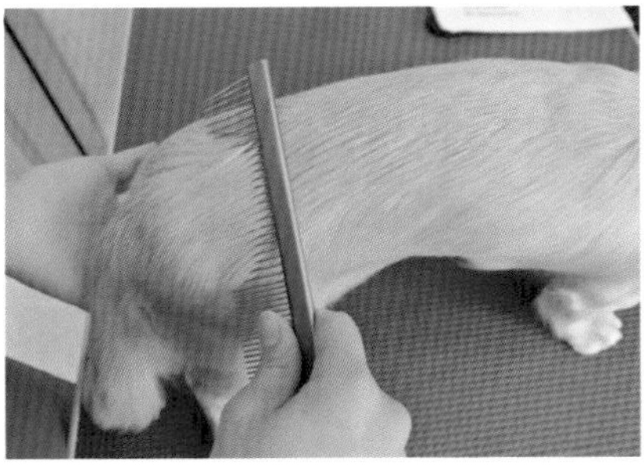

7　接著用排梳檢查身上的毛髮是否柔順無打結。

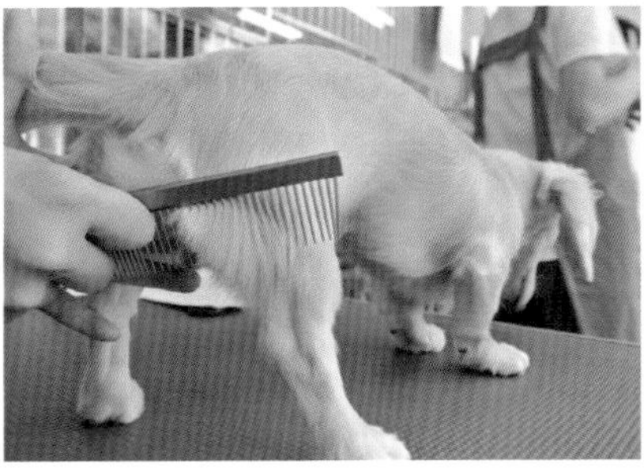

8　不要忘記腿的部分，大腿和內側是長毛犬最容易打結的部分。

不藏私的狗狗美容梳毛技巧：

硬毛狗的梳毛技巧（雪納瑞）

硬毛狗下層的內毛，毛質較綿密且十分細軟，若是長期不梳理，就會形成纏結的狀態打結成一團，也容易罹患皮膚疾病。另外，硬毛狗應該使用較特殊的梳子來處理剛硬的毛髮，使毛髮富有彈性。如果底部的毛有打結的情況，應該先用剪刀剪掉，等新的毛長出來再處理。

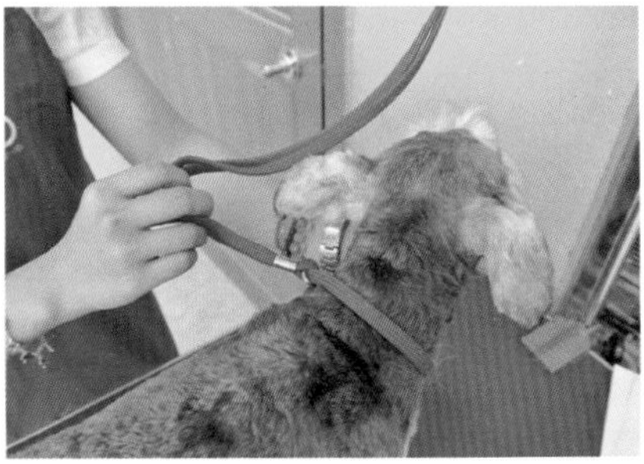

1 固定住狗狗，使狗狗與自己處於同一高度平台，必要時可以使用牽繩。

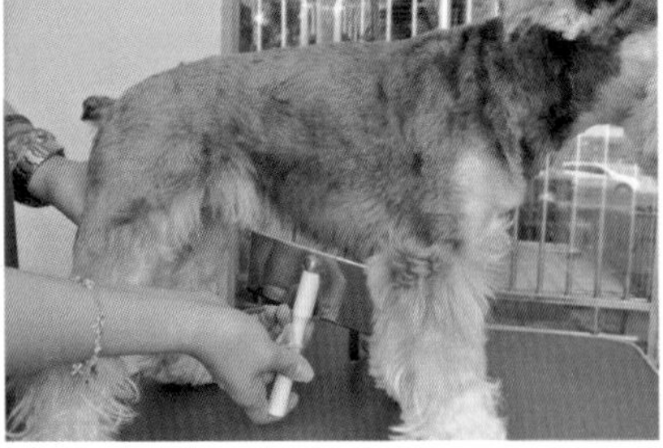

2 先用針梳一點一點的梳開，並且分別做局部的梳理。

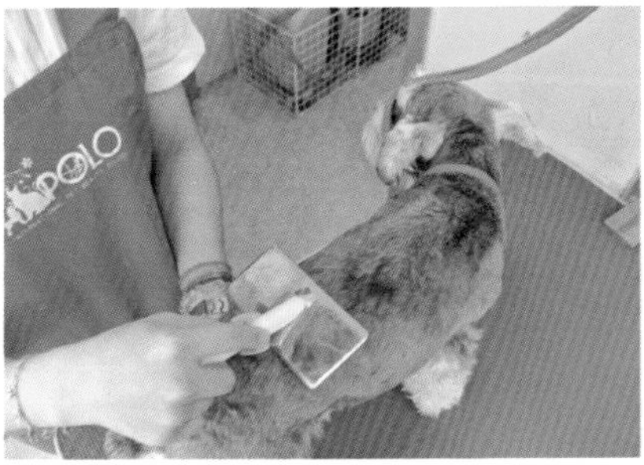

3 再梳理上層的毛，由上而下、由前而後。若遇到打結的部分，則用手輕輕掰開，再用針梳處理。

4 因為硬毛犬的毛髮較柔密捲曲，腿部的部分要來回梳理二至三回，才不會打結。要記得固定住大關節，避免狗狗受傷！

5 腿部尾端的毛比較長的話，也要仔細梳理！

6 前面的腳腳也不能忘記！

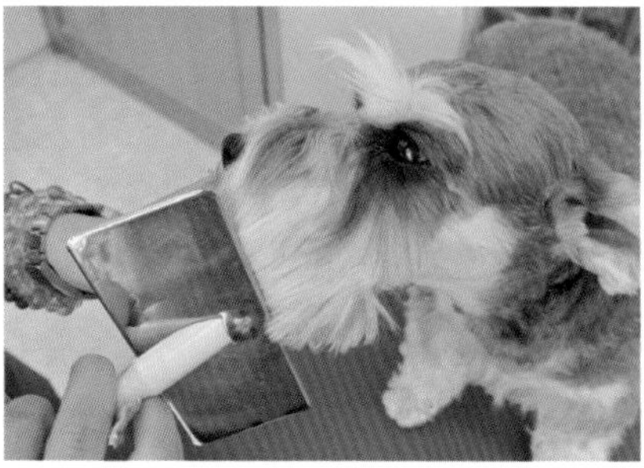

7 嘴巴兩側的毛由上往下仔細梳開，要控制力道，不能過度拉扯！若有結塊的部分要用剪刀剪掉。

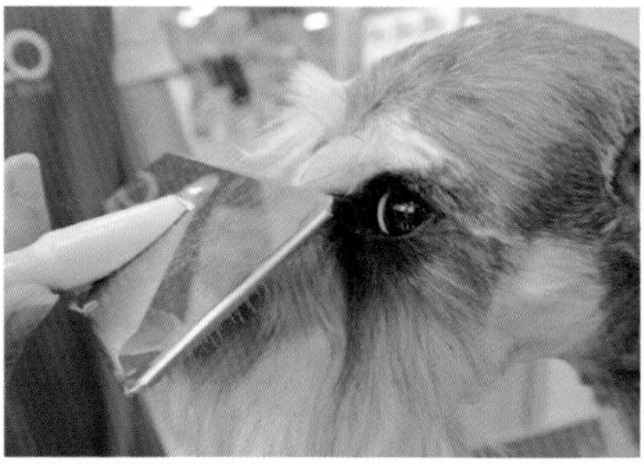

8 如果是有眉毛的狗，梳理臉部時，也不能漏掉眉毛喔！

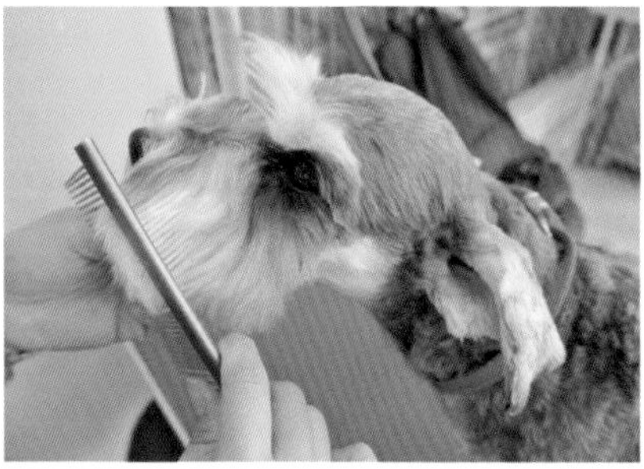

9 用排梳全身檢查一遍。

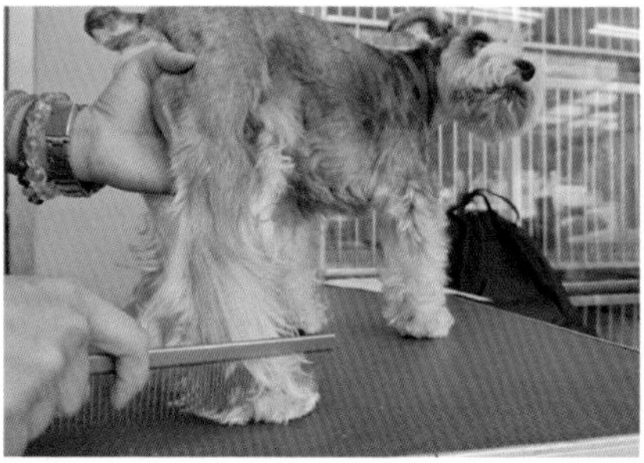

10 確定沒有打結就完成了！

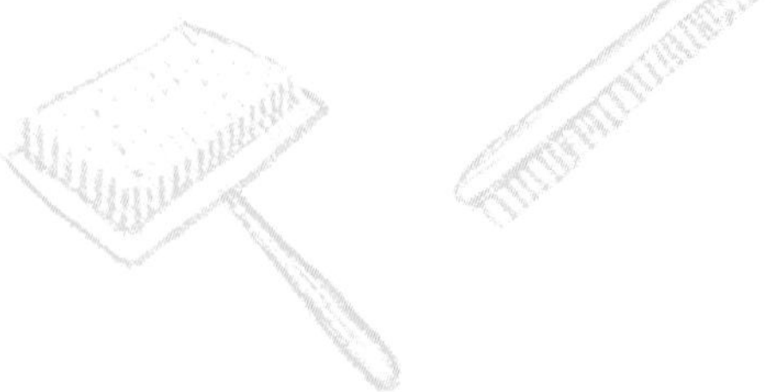

專欄

幫狗狗剃光好嗎？

台灣夏季氣候悶熱，帶狗狗到寵物美容機構去做一次全身剃毛，似乎成了夏日必備的行程。很多飼主希望可以藉此幫助狗狗擺脫身上那件厚重的毛衣，讓狗狗輕鬆又涼爽，也能避免中暑。

事實上，狗狗的身體結構跟人不一樣，體表並沒有汗腺，所以毛的長短對牠的排汗沒有很大的關係，但是毛短一點，對散熱或多或少都有些幫助。剃毛的好處除了讓狗狗比較舒服、涼爽些外，也可以避免潮溼悶熱的天氣可能產生的一些皮膚病，比方說

罹患溼疹、黴菌感染等，剃毛後會比較通風透氣，這些皮膚疾病也較不容易產生。只是修剪時容易刺激毛囊，可能會造成狗狗皮膚敏感，特別是當修剪的工具不夠乾淨、清潔時，容易造成黴菌、疥癬等細菌接觸感染，會發生皮膚紅腫、發炎等症狀，嚴重時可能產生潰爛，因此修剪工具的乾淨、寵物美容機構的選擇就顯得非常重要了！毛髮的長度建議剪短即可，若是剃得太短，除了導致皮膚敏感外，也容易曬傷，並使寄生蟲易於附著。

另外，在狗狗換毛時，並不建議把毛剃光，因為狗狗需要很多的營養來應付換毛的階段，使毛髮生長，若是一下子把毛剃光，可能會因為營養的缺乏而導致有毛髮長不出來的現象喔！特別是中長毛狗（例如柴犬、黃金獵犬、臘腸狗等等）較長毛狗更容易發生此類的情形，此時要注意補充鋅、維他命E、抗氧化劑等營養補充品，或者是綜合維他命等幫助毛髮的生長，並且促進健康，讓狗狗的毛既亮麗又豐厚喔！

專欄

幫狗狗的毛染色好嗎？

在網路上，時常能看見寵物被染成熊貓或是老虎花紋的可愛模樣，是否令人心動呢？由於寵物美容產業的發達，讓飼主們越來越重視狗狗的外表，並享受著替狗狗裝扮的樂趣。

然而，替狗狗染毛真的妥適嗎？大多數飼主或多或少都會對染毛劑產生健康疑慮，怕影響狗狗身體、皮膚的健康。不過獸醫師表示，寵物染毛的行為就像是人類染頭髮一樣，只要選擇安全、無刺激成分的染劑，替狗狗染毛的行為是沒問題的！只是染完毛後的狗狗毛質會變得比較無光澤，建議要使用護毛精及相關產品，勤加護理才能有柔順的毛髮。但狗狗在某些條件下，仍然不適合與染劑接觸，這時候染毛前的準備工作就顯得相當重要。以下事項建議飼主在動手染毛前仔細參考：

(1) 七、八個月大以後的狗狗才適合染毛，因為身體發育和代謝功能都已經漸漸成熟，所以太小的狗狗要先暫時緩一緩囉！

(2) 皮膚過於敏感，容易紅腫、發癢，或是患有皮膚疾病的狗狗不能染毛。為了愛犬的健康，請先做完治療後再請醫師評估是否合適。

(3) 因為染劑多多少少會被身體吸收，所以肝腎功能不佳、身體狀況不良或處於疾病中的狗狗不建議染毛。

(4) 若是染完毛後，皮膚有紅腫、發炎的情況，很有可能是染劑讓狗狗產生急性過敏，有在短時間內皮膚紅腫發炎的情況，此時請先帶狗狗就醫治療。

專欄

雙層被毛狗種的梳理注意事項

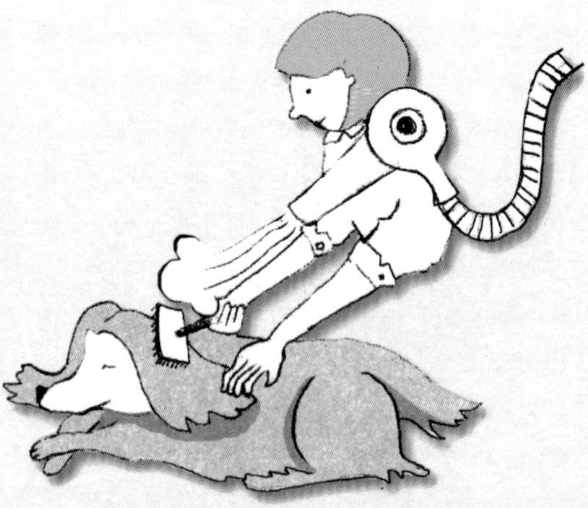

雙層被毛指的是狗狗有底層毛和表層毛兩種毛髮，毛質豐厚且細軟，能夠抵抗寒風刺骨的天氣，維持體溫。

通常來自溫帶、寒帶的狗種都會擁有柔軟的雙層被毛，牠們的毛質綿密，就像是穿了件溫暖的毛衣一樣，能遮風擋雨。

台灣的氣候特徵屬於亞熱帶氣候，然而卻有越來越多的人開始飼養來自溫、寒帶的狗狗，例如哈士奇犬、大白熊、喜樂蒂、柯基或柴犬等。

為了避免擁有雙層被毛的狗狗對台灣的氣候適應不良，飼主們一定要特別注意照顧這些寵物的毛髮。

妥善使用針梳、排梳、刮梳等工具，按照前頁所介紹的方式梳理狗狗的毛髮，頻率早晚一次即可。

因為這種雙層被毛的毛類豐厚度較高，所以洗完澡後要花比較長的時間吹乾，而且要用手撥鬆，確保毛髮已經「完全乾燥」，否則悶在皮膚裡的溼氣，會使狗狗產生如溼疹等皮膚疾病喔！

專欄

當狗狗的毛沾到尿液而染色或結塊的處理方法

若是狗狗的毛因為尿漬而染色、結塊又該怎麼處理呢？

寵物美容師建議，當狗狗的毛因為沾到尿漬而變色，甚至結塊的時候，應該先用手儘量把結拉開，再用針梳梳整。梳整的同時拉住附近的皮膚，狗狗才不會太痛！

若還是梳不開，建議先用溫水幫助溶解結塊，或是使用一些護毛精，增加油分，等把結梳開了以後，再用洗毛精進行一般的清潔動作即可。

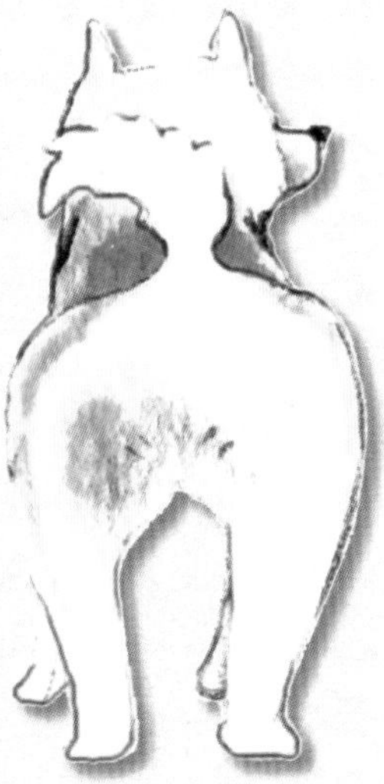

而體毛沾染到尿液的情況，通常母狗會發生在後腳，公狗則是在後腳或是肚子。大多是因為體毛過於雜亂或是太長，造成尿液常常無意中沾染到毛。

只要在發現時就立刻用水清洗或是以溼布擦拭，確定沒有顏色之後，再用吹風機完全吹乾即可。清潔後務必要確實乾燥，才不會導致狗狗感冒。假使尿液染到毛的情況一直發生，建議飼主帶寵物到醫院，由醫師為狗狗修理毛髮做順毛導尿的小處理。

專欄

毛髮保養術
毛打結了怎麼辦

當狗狗的體毛打結時，要處理打結部位的問題，就需要準備排梳、針梳及順毛液。

首先針對局部打結處做噴溼的動作，並且輕輕扯開頑固的結，待打結處鬆動了之後，再使用針梳慢慢梳開打結的地方。如果仍然梳不開的話，可再嘗試使用順毛液加強潤滑，應該就可以輕鬆處理打結的地方。

由於毛髮會打結的原因，通常都是因為有一段時間未妥善幫

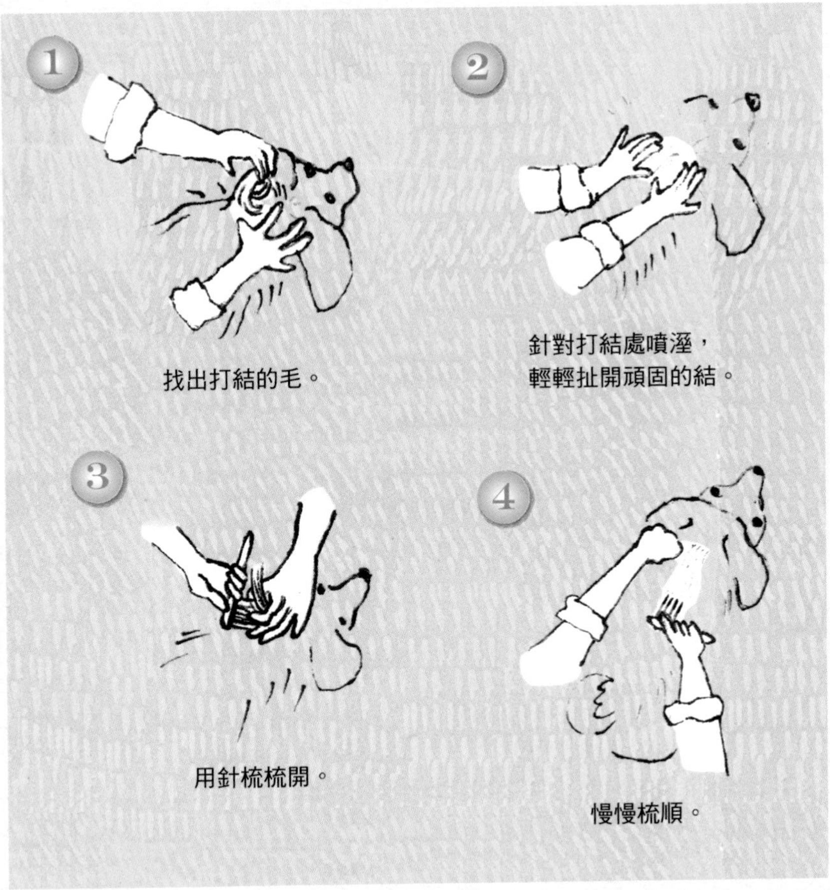

狗狗梳理才形成的。因此，若是飼主每天都有為狗狗梳毛，就不需為惱人的打結而憂心了。

梳毛時，也別忘了同時觀察狗狗的皮膚是否呈現健康良好的粉紅色，如果有皮膚過紅或有溼疹、傷口等異常情況，應及時請獸醫師治療。

另外，梳理較敏感部位（如外生殖器）附近的毛髮時尤其要小心，不要因為粗暴的動作誤傷了狗狗。

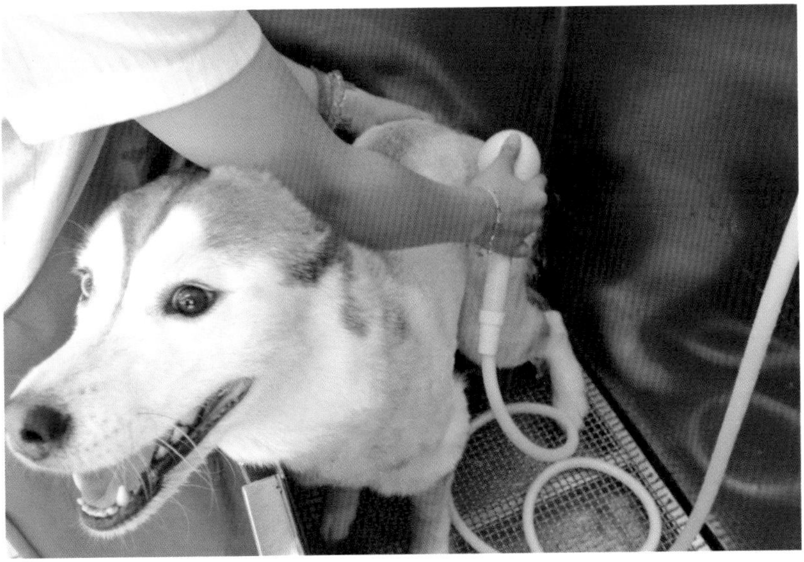

第三招

狗狗洗澡大作戰

台灣屬於海島型氣候，炎熱又潮溼。定期幫穿著毛外套的寵物清洗，是件既必須卻又令許多飼主避之唯恐不及的麻煩差事。

每隔一、兩週的定期清理，能讓狗狗乾淨又健康。雖然有些飼主認為洗澡不是什麼難事，卻也不是可以隨便輕忽的小事，請參考本篇所提供的小訣竅，讓你輕鬆幫家裡的愛犬洗澡，再也不麻煩！

洗澡前的小訣竅

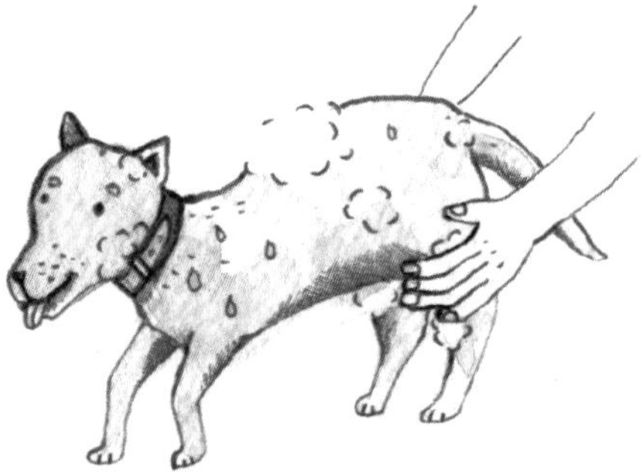

訣竅一：設定適當的洗澡頻率

幫狗狗洗澡前，要先根據狗狗的活動範圍和居住環境，設定適當的洗澡頻率以及選用不同功能的寵物專用洗毛精。

一般建議，除非有特別髒汙的情況，否則一至兩週再為寶貝愛犬洗澡一次即可，千萬別天天替狗狗洗澡。

由於狗狗和人類皮膚的酸鹼度完全不同，天天洗澡反倒會破壞皮膚表面的平衡，使皮膚乾燥，甚至會有皮膚炎的症狀產生。過度清潔狗狗身上的皮脂，毛髮也會不那麼亮麗。

另外，夏天容易有寄生蟲肆虐，活動量大的狗狗可以增加洗澡的頻率，而且洗澡能夠降低狗狗的體溫，讓狗狗身心舒暢。

洗澡不僅能去除皮毛上的油垢髒汙，還能緩解疲勞，提高抗病能力。建議飼主可以善加安排幫狗狗洗澡的護理。

訣竅二：選擇正確的洗毛精

市面上的寵物洗毛精產品眾多，功能各不相同，建議飼主可以依照毛色的不同與需求，選擇不一樣的洗毛精。但是，如果狗狗有皮膚病的問題，就應依照醫師的指示來清潔皮膚以及選擇適當的產品。

寵物美容師建議，在使用洗毛精幫狗狗洗澡之後，應同時使用護毛精做保養。洗毛精的好處在於可以去除髒汙，而護毛精的功用則是使毛髮不易產生靜電、糾結，會較好梳理，更可以讓毛髮豐盈蓬鬆，色澤亮麗。

特別提醒各位飼主，千萬不要使用人類的清潔產品來替狗狗洗澡，因為皮膚酸鹼度的不同，很可能會使狗狗的皮膚乾燥、脫毛，出現搔癢或者起紅疹的情況喔！

訣竅三：洗澡水溫和時間

※水溫多少較合適？

水溫最好接近體溫，也就是在攝氏37至39度左右，寵物的感覺最舒適。

※洗澡時間多長才好？

每次給狗狗洗澡的時間最好控制在15分鐘左右，洗澡時間過長皮膚會顯得乾燥，且容易感冒。儘量選擇在有大太陽的日子洗澡，潮溼的天氣會使得毛髮不易乾燥，請多加注意。自然風乾容易感冒並產生皮膚相關疾病，所以洗完澡後仍然要迅速且細心的將毛髮吹乾喔！

※洗澡的好時間點？

剛剛吃飽、劇烈運動完都不可以馬上洗澡，建議讓狗狗舒緩一下，體溫降低並且平穩心情以後再替狗狗洗澡。

另外，若是幼犬或是生病不舒服的狗狗，因為抵抗力較弱，請儘量等病好以後再洗澡。為防止耳內進水，可以在洗澡前幫狗狗的耳朵塞上棉花球。

訣竅四：洗澡前的準備動作

洗澡前最好先做完基本的保養。若有淚痕的情況，就應該先用護理產品清潔，然後清理肛門腺的部分，以上這些步驟，請參考本書之前的內容介紹！

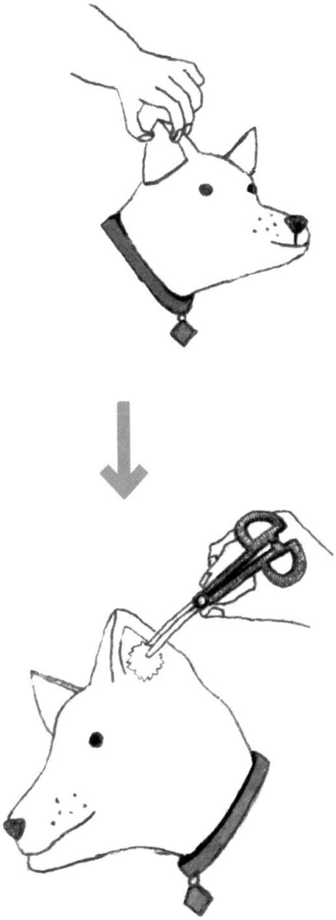

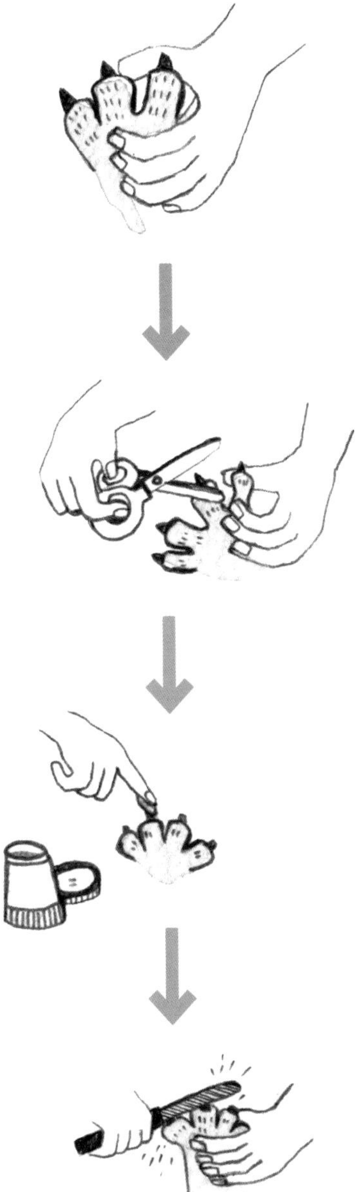

在幫狗狗洗澡之前，應先做好拔除耳毛、
修剪趾甲，然後剃掉多餘腳毛等基本動作。

幫中小型犬洗澡 step by step

第一步：梳毛篇

開始幫狗狗洗澡前，請將毛髮先行梳開，避免打結的毛髮在沖溼以後打結的更嚴重。梳毛除了能處理打結的問題以外，也可以先初步的清除髒汙、油垢和汰換的毛髮，讓清潔過程更加徹底簡便。

準備工具

針梳

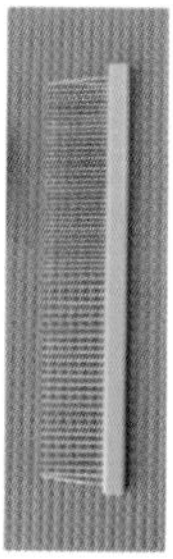
排梳

順毛液

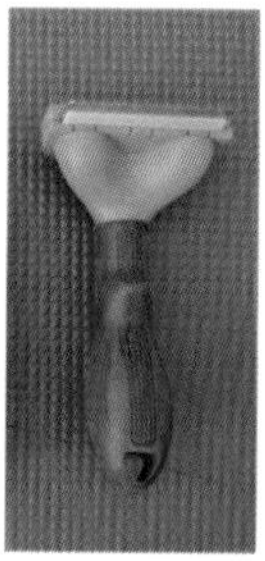
整毛梳

1 梳理身體部分：與狗狗處在相對的位置，將牠放在與自己身體平高的地方，才能固定住狗狗。

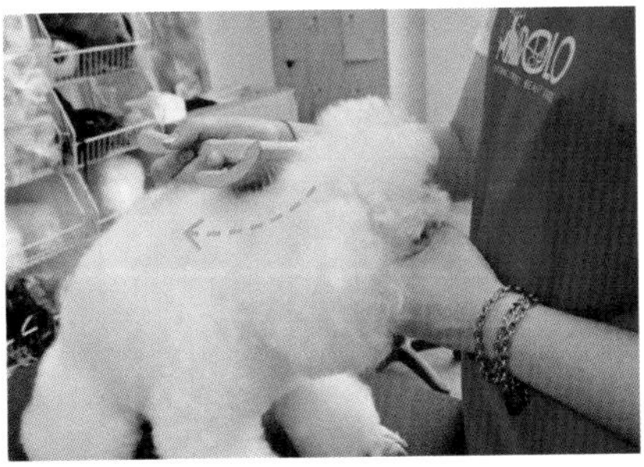

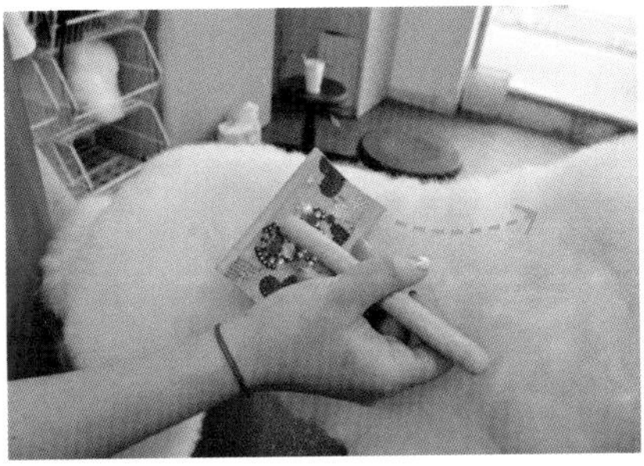

2 先用針梳順著毛梳理，然後再反過來逆著毛梳，這樣就可以把多餘的毛髮和髒汙仔細的梳掉。

3 梳理四肢的部分：請先抓住狗狗的大關節。

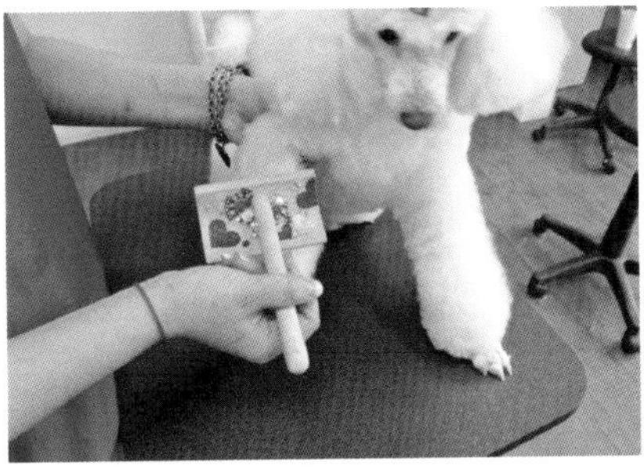

4 然後由上往下梳，接著再反著梳回去即可。

5 手掌朝上，拖住狗狗的耳朵，再進行梳理，才不會拉扯到耳朵！

第二步：洗澡篇

梳理完以後，就可以開始洗澡囉！

1 洗澡工具：洗毛精、護毛精，裝滿溫水的澡盆或容器。記得將棉花球輕輕塞入狗狗的耳朵，以防進水！

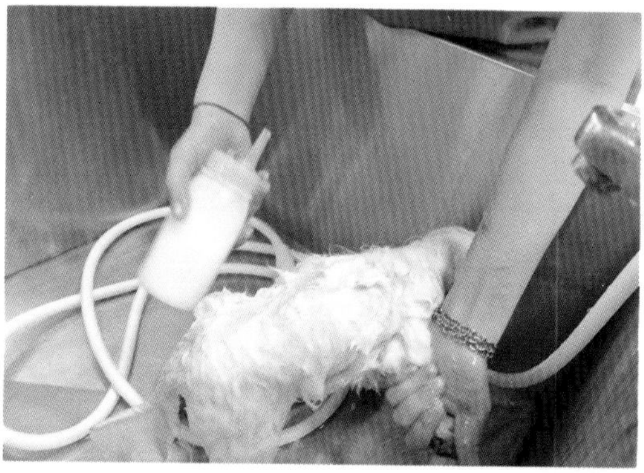

2 將狗狗放入溫水中：用勺子舀水或以蓮蓬頭輕輕的順著狗狗脖子往下把毛髮沾溼，等全身都沾溼之後再將頭部淋溼。要注意的是，狗狗的體溫在攝氏37到39度間，所以水溫不可以太高。

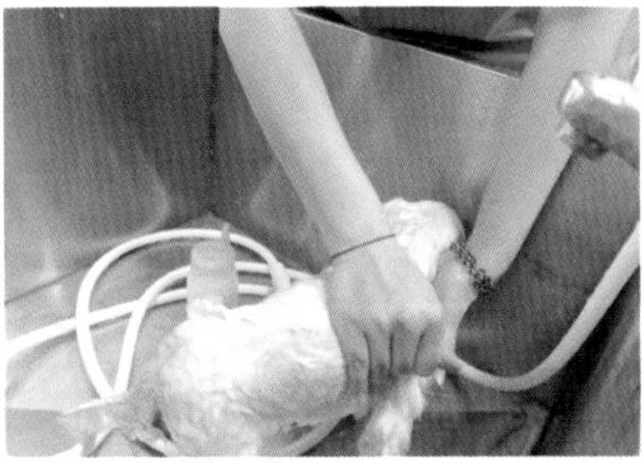

3　全身塗抹洗毛精：用起泡的洗毛精，輕輕塗抹身體，順序應該由後方到前方，由四肢到身體，用指腹仔細並溫柔地清洗。

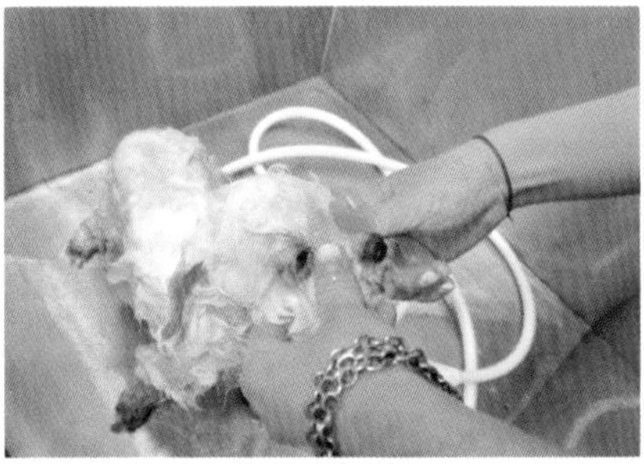

4　洗頭時，要避開眼睛和耳朵，避免刺激敏感處。眼部周圍可以利用周圍的泡泡往前帶。千萬不要接觸到眼睛！若有眼屎，應先用水軟化，再進行搓洗，千萬不要硬摳！

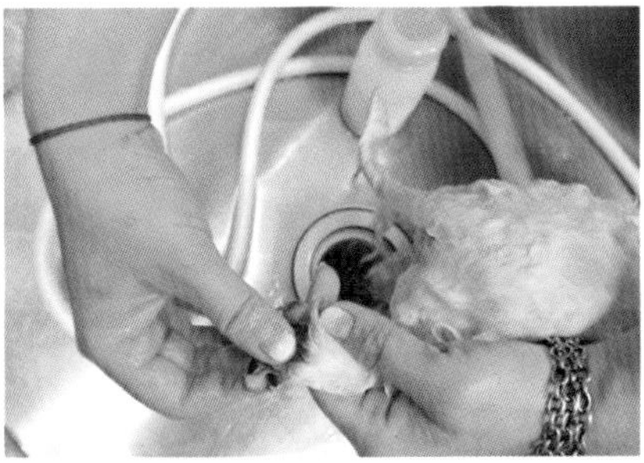

5　腳掌的和臀部的部分也要洗淨！

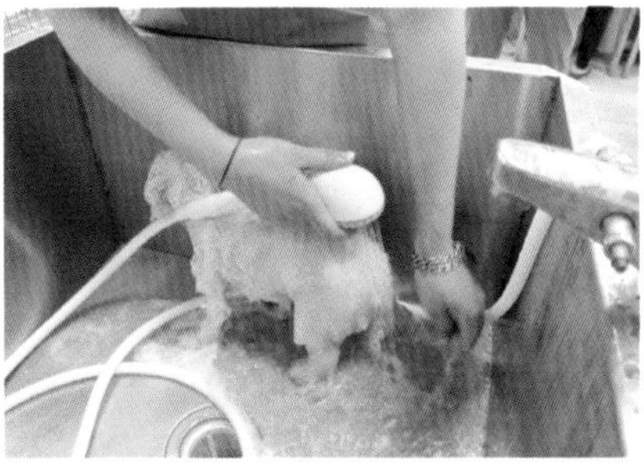

6　沖水囉！把蓮蓬頭放低，靠近寶貝的身體沖洗，這樣才不會被嚇到！

7　順序是由前往後，由上至下，先將頭部的泡沫沖洗掉，最後再到腳掌。沖洗時輕柔的和狗狗說話，舒緩牠的心情，最後再帶到頭部，水不要對著眼睛衝，請飼主用手掌幫狗狗擋住。

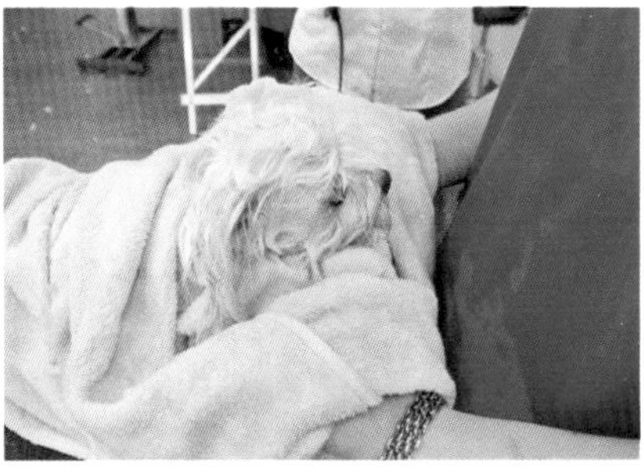

8　洗好後立刻用大毛巾把狗狗包住，讓牠可以甩一甩水，包住大毛巾可以防止主人以及浴室被噴得溼答答。然後用毛巾按壓身體，把狗狗的毛髮水分吸至略乾就可以吹毛囉！

第三步：吹乾梳整篇

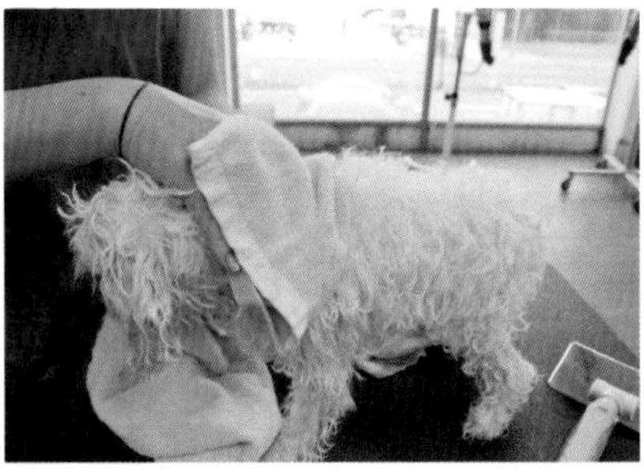

1 洗完澡後，先用毛巾將身體擦乾！擦乾後，就可以準備開始吹毛囉！準備工具有排梳、針梳、吹風機，建議找個小幫手，另一人拿著吹風機，一人固定狗狗吹整，才能事半功倍喔！

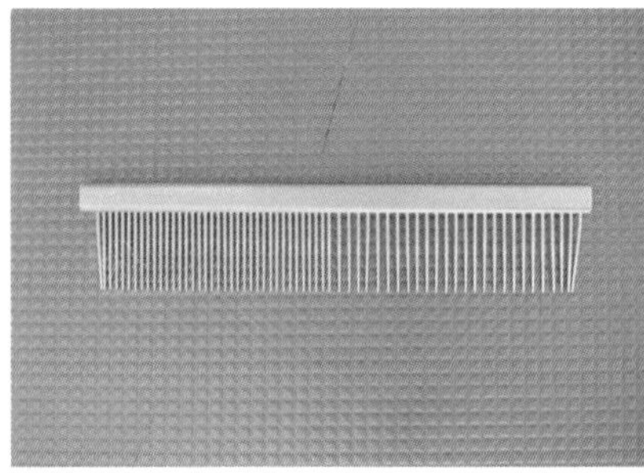

2 先用排梳確定溼漉漉的狗狗身上的毛髮有沒有打結，由內至外先梳整檢查一次！

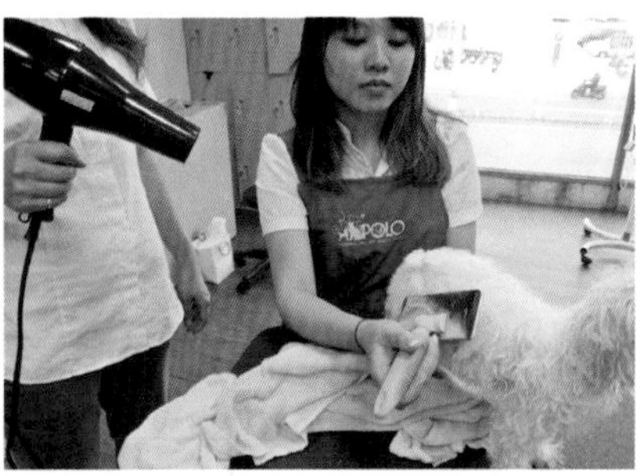

3 吹整時應該有一人面對著狗狗，另一人拿著吹風機對著狗狗離約十公分的距離，跟隨著針梳移動。

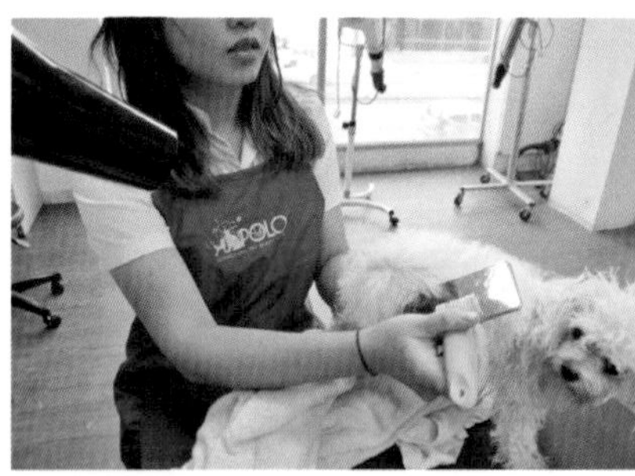

4 邊吹整邊使用針梳由內往外把毛髮梳開！

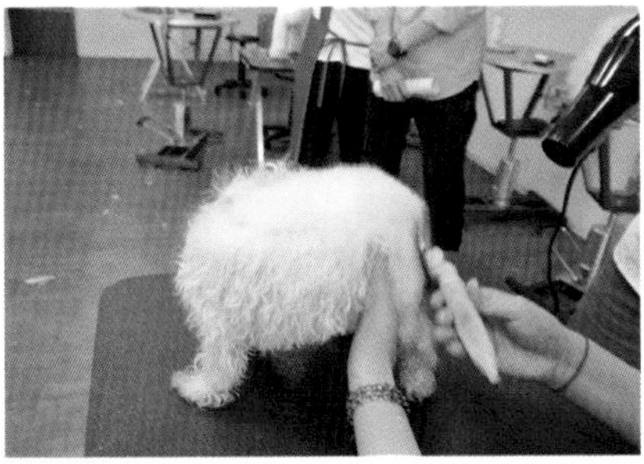

5　使用針梳的同時，另一隻手固定梳整的地方，狗狗才不會因為過度拉扯而受傷。

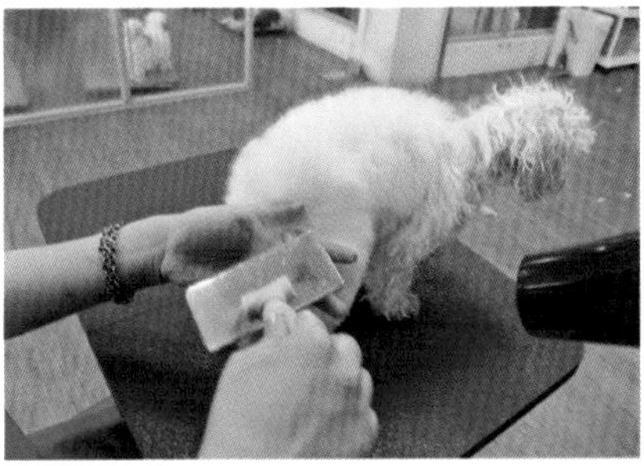

6　吹整四肢時，應固定住狗狗的大關節，切勿拉扯腳踝，容易因為狗狗過度掙扎而受傷。

7　吹臉時，應將風速調弱、溫度調低，並用一隻手幫狗狗擋住眼睛的部分，寶貝才不會因害怕而逃之夭夭喔！

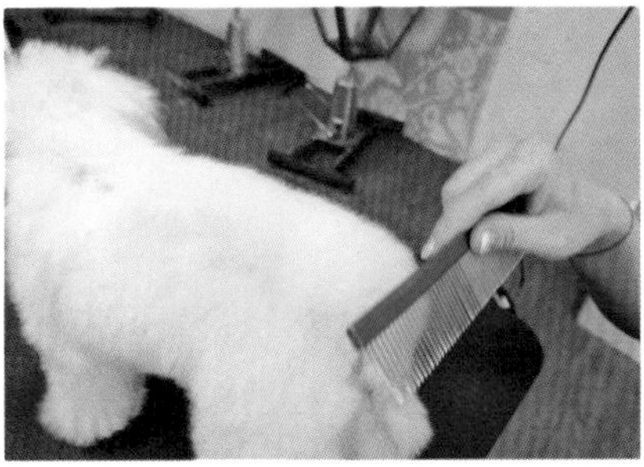

8　吹乾後，再用排梳檢查一次身上的毛髮有沒有打結的地方。若毛髮有打結，請先拉住底層的毛，然後再輕輕的慢慢梳開，狗狗才不會痛喔！再以棉花球清潔一次耳朵表面，保持耳朵的乾燥！

幫大型犬洗澡 step by step

第一步：梳毛篇

1　先讓狗狗與自己處在同一個平台上，若狗狗容易驚慌亂動，請使用牽繩固定！

2　使用針梳或整毛梳梳理大型狗的全身，先清理容易掉落的毛，然後梳順，確定沒有打結就可以洗澡囉！

第二步：洗澡篇

1 把狗狗放進較大的容器裡，狗狗才不會因為驚慌而脫逃。若是沒有較大的容器，也可以用牽繩把狗狗固定住。

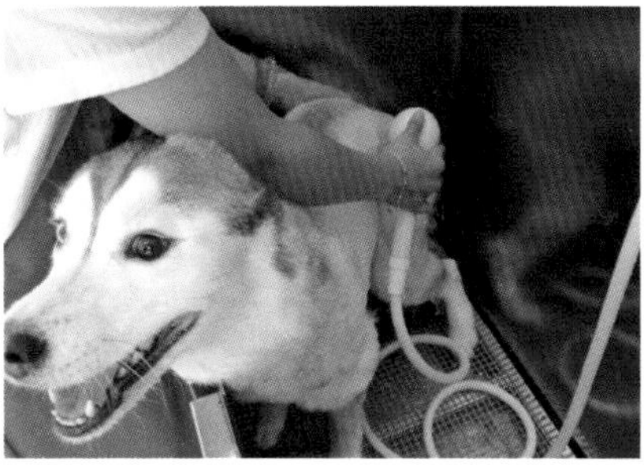

2 用溫度約35～37度的水將狗狗整個打溼！

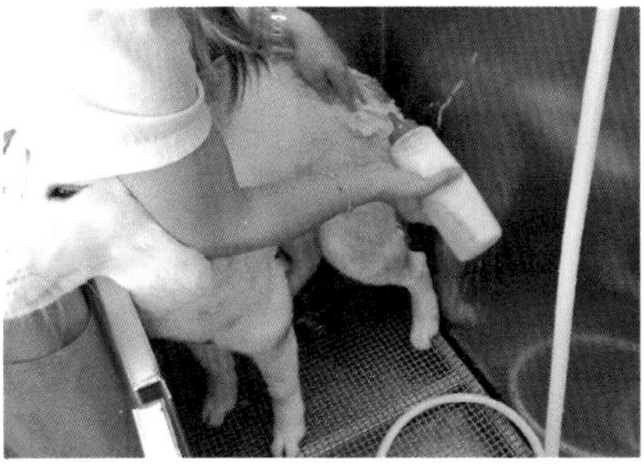

3 擠上適合的洗毛精。

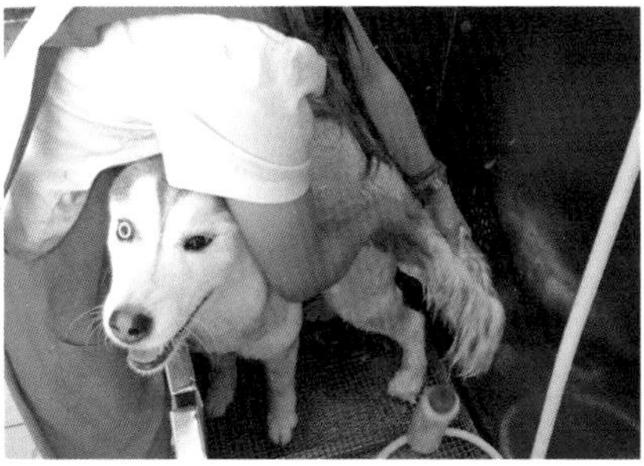

4 然後充分的搓揉起泡！

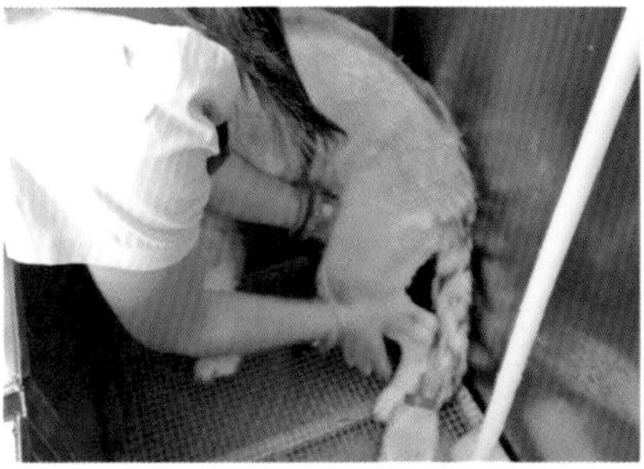

5　大腿內側、腳掌、臀部附近都是容易藏汙納垢、洗不乾淨的地方，要仔細的用泡沫搓揉，確定都有洗到。

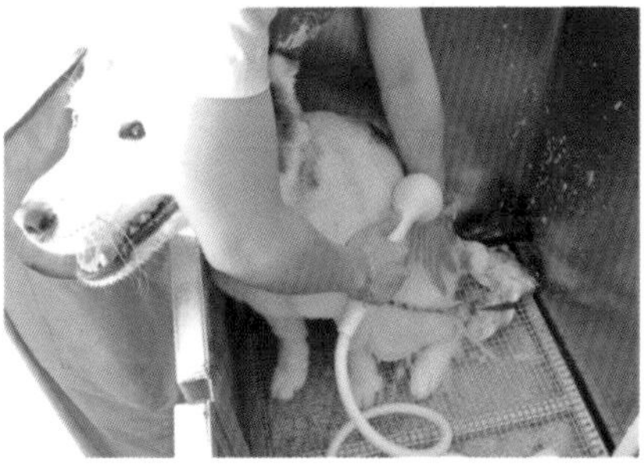

6　確定洗淨後，就可以沖水囉！蓮蓬頭的水量應該要適中，水柱不宜太大，以免嚇到狗狗。

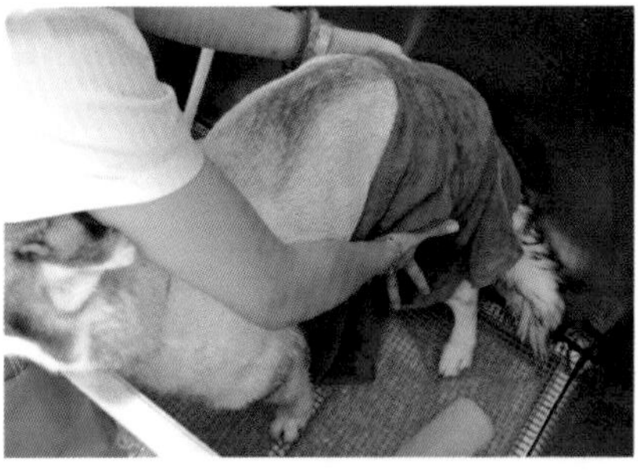

7　用浴巾把狗狗的身體包覆住，讓牠甩一甩，可以避免濺溼主人。然後再由上往下，輕輕的按乾全身毛髮，直到不會滴水的程度就可以了喔！

第三步：吹乾梳整篇

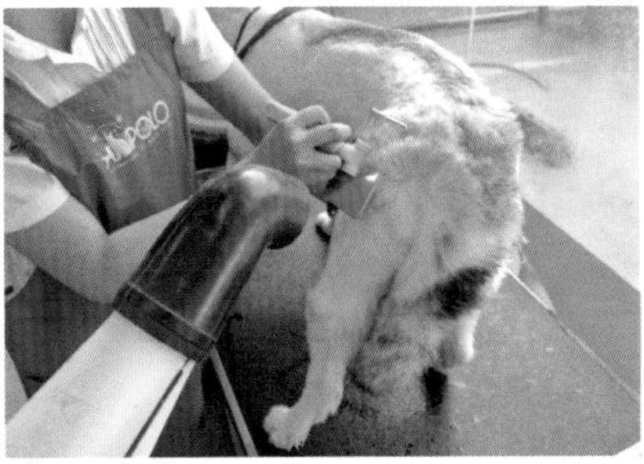

1　準備工具有吹風機和針梳。吹風機要選擇風力較大的，因為大型犬的體積較大，需花較長時間才能吹乾。溫度請控制在冷風或是略溫即可，長時間以熱風吹同一個部位可是會受傷的喔！

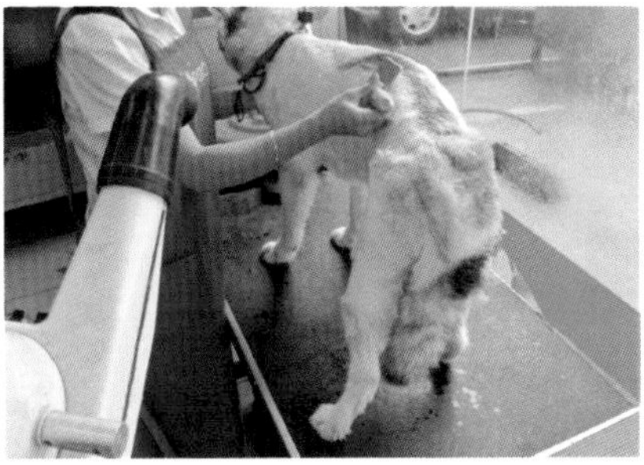

2　吹風機需距離狗狗一定的距離，變換梳毛位置時會比較方便。使用針梳，由前往後、由上往下梳理毛髮。

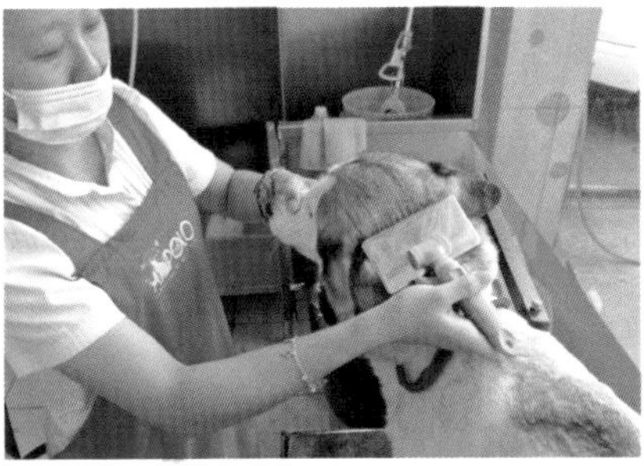

3　梳理頭部時，可以輕輕握住嘴巴的部分以固定狗狗。梳理時要記得避開眼睛和鼻子等敏感部位。

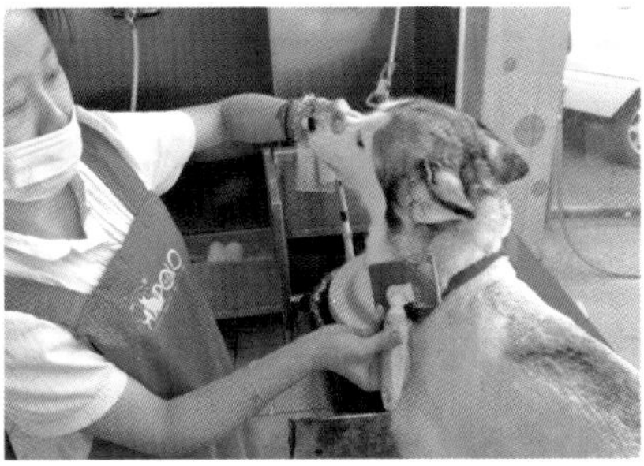

4　脖子部分也要記得由上往下梳理！

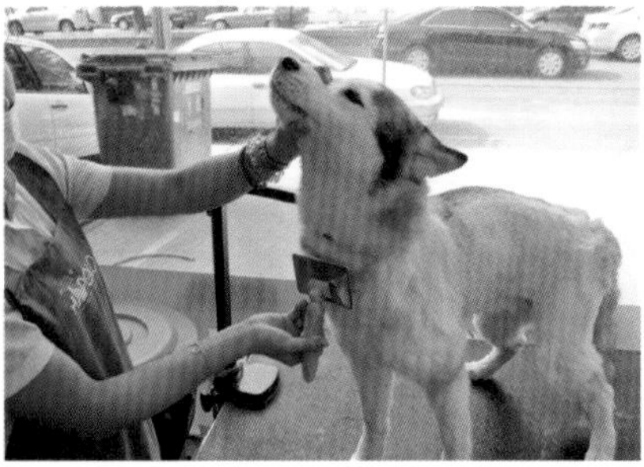

5　讓狗狗的頭略微抬起，才能夠梳理胸部的部分。

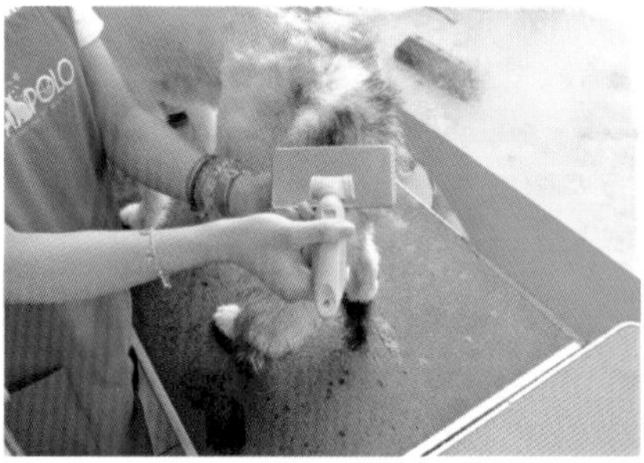

6　容易打結的尾巴，也要小心的抬起，用針梳處理。

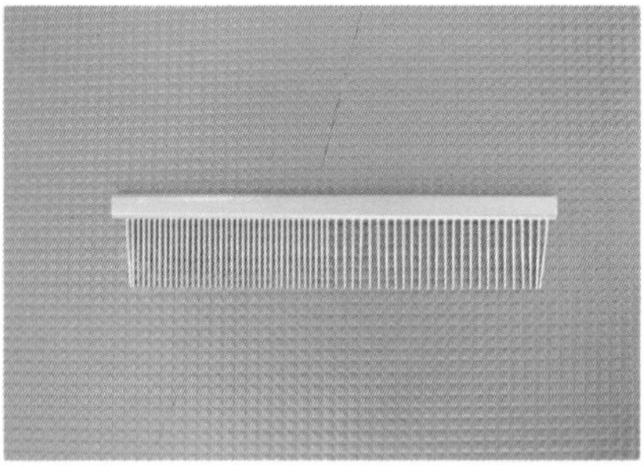

7　若是中長毛的狗狗，最後可別忘了用排梳全身梳理一次，才算大功告成！

如何幫幼犬洗澡

未滿一歲大的狗狗都還算是幼犬，在預防針還未打齊的狀態下都不建議幫牠洗澡。

如果真的要幫那麼小的狗狗做清洗的話，建議可以使用乾洗粉輕輕揉搓，假使有泡沫產生的話，可以吹掉或是用布擦乾。儘量不要讓狗狗全身溼透，造成失溫感冒，嚴重的話可能會有生命的危險。

1.清洗的過程

大一點的幼犬，請選擇低刺激性或是幼犬專用洗毛精。

在清洗前請事先準備好毛巾和吹風機及梳子。在清洗的過程中，主要針對四隻腳、肚子、臀部等部分輕輕做洗淨，其他身體部分則可以快速做清洗。

2.清洗時的水溫

至於清洗的水溫，因為狗狗的體溫比人類略高一些，只要我們摸起來有涼涼的感覺，就是最適當的水溫。

清洗時請注意水壓不要太大，只要讓水流緊貼狗狗皮膚慢慢沖洗即可。

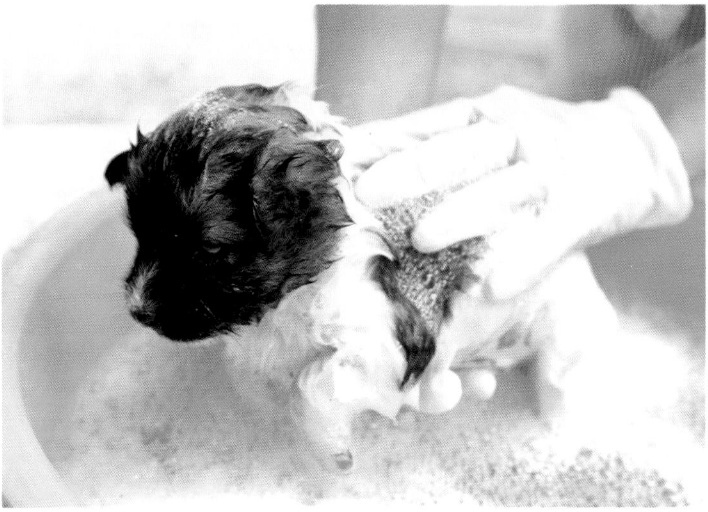

3.洗後的吹整

幫幼犬清洗完畢後，先用毛巾將幼犬全身擦過一遍，再使用吹風機邊吹邊擦，這是美容師叮嚀的小訣竅，也是最快乾的吹整方式。

等差不多乾時再用小尺寸的針梳處理有卡住的打結處，確定沒打結後再用排梳做最後修整，如此一來狗狗毛髮便會光澤柔順又潔淨。

幫幼犬洗澡的步驟

1

摸起來溫涼的水溫。

2

用小容器沖溼身體。

3

從頭開始輕輕搓揉。

4

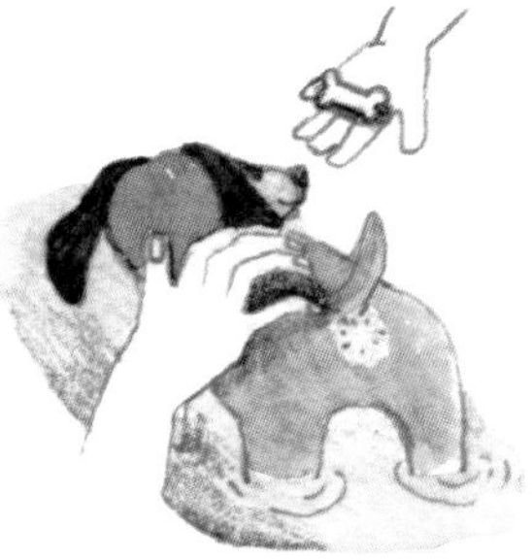

全身都要洗。

5

沖水也不可馬虎、
全身要沖洗乾淨。

6

最後用毛巾包覆後
擦拭即可。

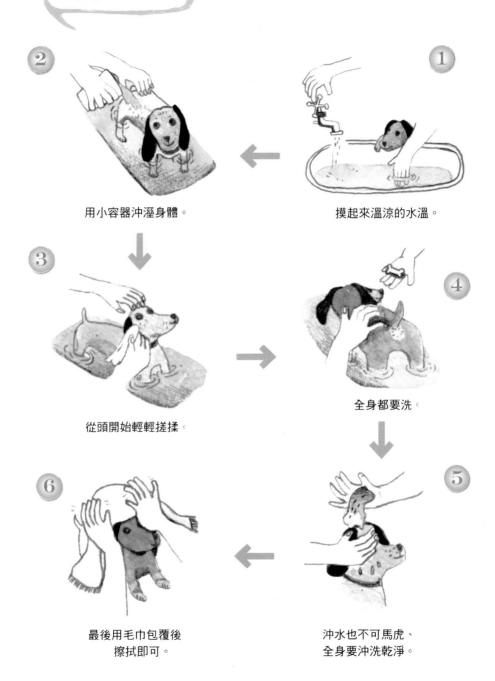

如何幫高齡犬洗澡

高齡犬的清洗方式其實和幼犬一樣，都要加倍的細心，並隨時注意高齡犬的身體狀態與心理情緒，尤其有心臟病和氣喘的高齡犬都需給予最密切的關心。

幫高齡犬清洗時，需要準備高齡犬專用或是低刺激性的洗毛精，在清洗的過程中力道要溫柔，避免狗狗滑倒導致受傷，儘量避免拉扯的動作。當重點部位腳、肚子、臀部清潔完畢後，快速洗淨其他地方，沖水時請注意別讓高齡犬嗆到了。

吹整時一定要從毛的底層摸起，完全乾爽才算吹整完畢。最後是洗所有狗狗都必須注意的重點，但高齡犬更要格外小心。請仔細檢查狗狗眼睛周圍是否有沾到清洗劑。判別的方式是注意狗狗是否會不停眨眼，甚至用腳去揉眼睛，造成眼睛充血形成結膜炎。

主人注意！狗狗不適合洗澡的幾種情況

剛生產完

剛生產完的狗狗都不建議洗澡。狗狗若是自然生產的，就必須等至母狗身體裡的惡水都排出了才可洗澡；若是剖腹產的，一定得等到傷口完全復原了之後才可以清洗。

有外傷

有外傷的狗狗請儘量不要洗澡。碰到水除了容易造成傷口的感染之外，也會讓狗狗不自覺地想去舔舐傷口，造成二度發炎，使得傷口狀況惡化，或影響傷口復原的情形。

受傷的狗狗不適合洗澡。

生病或精神狀態不佳

一般狗狗都是精神奕奕的，若是發現狗狗突然變得安靜，懶懶的或食慾不佳，這種情況就要先確認狗狗是否有不適，待症狀改善了再來洗澡比較適合。

剛到新環境

寵物對習慣的環境是會有安全感的，假若一搬了新家就馬上

生病或精神不濟的狗狗也不適合洗澡

剛到新環境，狗狗還沒適應前不要洗澡比較好。

幫狗狗洗澡，狗狗會因為還未適應環境而顯得更加慌張，因此建議讓狗狗習慣了新的家之後，再來幫狗狗洗澡是比較好的。

發情時

當狗狗發情的時候，會有較多的分泌物與體味，所以大多數飼主都會想在這個時期多幫狗狗洗澡。

但是這時候狗狗的心理和生理都屬於非常亢奮的狀態，不僅不會乖乖聽話，還會過分的激動。為了不傷害到彼此，建議飼主等狗狗過了發情期之後再來洗澡吧。

剛打完疫苗

剛打完疫苗的狗狗，因為還不確定狗狗是否會對疫苗產生副作用，所以還是請等個幾天，確定狗狗的狀態一切都沒問題後再做清洗。

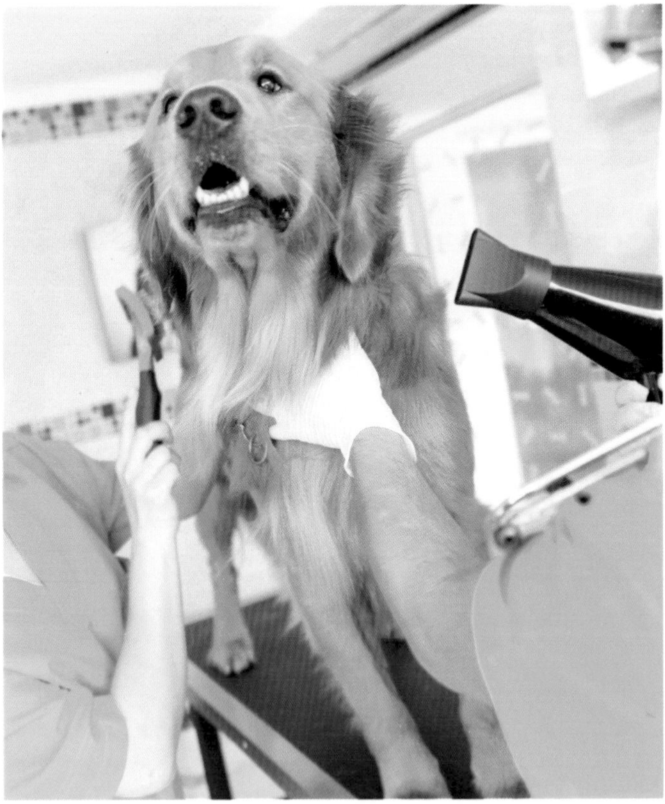

專欄

傷口的清潔保養
當狗狗受傷時的清潔方式

當狗狗受傷時，緊急處理的第一個大原則就是先止血，一般傷口使用加壓止血就可以了，但是若傷口太大，出血量過多，可先利用紗布與透氣膠帶包紮纏繞後馬上送醫。

若是傷口附近過於骯髒，可以先用生理食鹽水做清洗，若是臨時沒有生理食鹽水可以使用的話，那麼一般乾淨的水源也可以。請儘量不要使用含有刺激性的液體，例如酒精或雙氧水，因為這一類液體雖然有殺菌的功效，但是會造成傷口刺痛，讓受傷的寵物不斷躁動掙扎。

傷口的沖洗原則是由上而下、由內而外，從傷口的上方往下清洗，而不是直接對準傷口清洗，並避免髒水流回傷口。之後可以用乾淨的紗布或包材覆蓋傷口，保持傷口的清潔與乾燥。

重要的提醒，不論是怎麼樣的傷口，在緊急處置完後都務必要送至動物醫院，由獸醫師以無菌的設備做處理，避免傷口感染的可能。

從動物醫院返家之後，為了防止寵物舔舐受傷的部位，誤食傷口上的藥物，伊莉莎白項圈的使用有其必要性，請不要因為覺得寵物很可憐，就自行幫牠取下。此外，由於寵物的傷口樣式繁雜，因此居家照護清潔的部分請一定要跟獸醫師做詢問，並遵循獸醫師規定的換藥時間與次數，寵物休息的環境保持清潔與乾燥，讓寵物安靜休養。通常藥物的擦拭也是以由上而下、由內而外、棉花棒與紗布等器具以一次使用即丟棄為原則。

狗狗常見的外傷，有和其他的狗狗打架的撕裂傷、咬傷和趾甲斷裂等，此時若是傷口大於三公分，並不建議飼主替狗狗進行洗澡或美容護理。受傷時，第一時間應先使用紗布將傷口加壓止血，然後再以清洗傷口專用的生理食鹽水沖洗受傷部位，避免發炎、感染。傷口若是較嚴重的深層傷口（即傷到真皮層及傷到真皮層以下的部分），止血並不容易，醫師建議，第一時間先送往獸醫院進行縫合或清創等其他醫療行為。

傷口正在癒合時，雖然可能會有難聞的氣味，不過還是得以傷口癒合為重，千萬不能讓傷口碰到水。替狗狗戴上頭套或是包紮傷口，都可以避免狗狗舔舐，才能讓傷口加速癒合。腳掌的傷口通常較難以癒合，建議還是要用包紮的方式處置，另外，耳朵和尾巴的傷口比較難止血，也是飼主必須小心的地方！

專欄

四季的保養須知與常見問題

	一般居家護理	容易產生的疾病
春季	1. 發情：春季是狗狗的發情季節，情緒起伏較大，需要主人的陪伴安撫。若是母狗的話，則須注意陰部的分泌物，以免感染。 2. 換毛：春季是狗狗的換毛季節，從春季到夏季，毛會漸漸變的淺薄，所以每天都需要梳毛。	1. 容易皮膚過敏、呼吸道感染，可能會有花粉症的產生，若有類似情況，要少去植物多的地方，以免發作。
夏季	1. 飲食：因天氣炎熱，所以要注意狗食的新鮮度和衛生，避免消化道疾病和腸胃炎。容易食慾不振，要多提供清潔的水做飲用。 2. 此時狗狗的毛髮應該會變得比較薄了，飼主們也可以選擇幫狗狗剃毛，但不要全部剃光，只要剪短，讓狗狗散熱就可以了。 3. 居住環境儘量保持陰涼，外出時要挑選能遮陽的地方活動，也要隨時備水讓狗狗飲用。 4. 洗澡的頻率大約是一個星期一次，因為夏天較溼熱，為了避免皮膚疾病產生，還是得勤洗澡和梳毛。 5. 小心蚊蟲的叮咬。	1. 中暑：天氣熱，狗狗容易產生流口水、呼吸變快變喘的情況，若心跳變快、耳朵內側和肚子溫度升高，很可能就是中暑了，建議發現狗狗有中暑的情形，第一時間先將狗狗移到通風陰涼處，並用溼毛巾擦身體，然後給予涼水。如果中暑的情況嚴重，導致其昏厥或虛弱、沒力氣等，務必先送醫診治。  2. 皮膚疾病：容易有溼疹、黴菌、寄生蟲感染等疾病產生，須注意環境的清潔和狗狗的身體衛生，並可經醫師建議，在家使用藥浴護理。
秋季	1. 發情：秋季也是狗狗的發情季節，情緒會比較起伏，需要主人的陪伴。若是母狗的話，則須注意陰部的分泌物，以免感染。 2. 換毛：秋季是狗狗的換毛季節，從秋季到冬季，毛會漸漸變的厚重且長，所以每天都需要梳毛，也可以補充營養品來增強毛髮的生長。	1. 感冒：因為秋季早晚溫差大，所以容易感冒，當發現狗狗有打噴嚏、流鼻水或咳嗽等情況，請帶狗狗就醫，並做好保暖的準備。 
冬季	1. 飲食：冬日的食量較大，需要的熱量也多，要注意營養的補充。 2. 洗澡：因為天氣較冷，所以洗澡頻率要下降，約十天到十四天洗一次就可以了。 3. 居家環境要注意保暖，不要讓狗狗吹風，晚上使用毛毯讓狗狗蓋，但若是使用電毯，則需要注意漏電的問題。	1. 心臟病容易在冬季發作，因為氣溫低，溫差也大，可以讓狗狗穿衣服保暖，補充牛磺酸、維他命 E 或綜合維他命等保健食品。 2. 冬天也是泌尿道疾病的好發時期，要留意狗狗的排尿次數變化，容易產生膀胱炎等疾病。

寵物皮膚病的清潔方式與清潔用品的選擇

一般狀況下，寵物的身體會自行分泌油脂來保護皮膚，因此不需要過度的清潔，避免破壞寵物身體本身的保護功能，造成油脂過度分泌或不足。

但是在寵物皮膚病的狀況下，清潔就需要比較勤勞，並且按照醫師指示定時換藥，同時保持生活環境的清潔與乾燥。

這時最常見的問題就是洗毛精的選擇方法，市面上的洗毛精選擇五花八門，有去角質的、毛皮柔順的、抗菌型等等，挑選時請謹記一個大原則，平日可以在寵物店挑選適合寵物使用的洗毛精，洗毛精的挑選方式直接以飼主與寵物都能接受的品項做選擇即可，但是若是有藥用需求的時候，例如除蚤、皮脂漏等問題，就一定要跟獸醫師做詢問。

舉個例子來說，除蚤的洗毛精大致可以分成兩種，第一種是清洗的同時殺死跳蚤，另一種是清洗後會留下跳蚤討厭的味道避免跳蚤附著，這兩種洗毛精就必須針對不同狀況做使用，若是只看到有除蚤的功效就拿來使用，可能效果會不如預期。

此外，在成分方面每種洗毛精也不同，有可能影響到寵物的用藥情況，也有可能影響寵物的恢復狀況。而獸醫師在藥理學與藥物成分的方面會比一般大眾更加了解。因此，當寵物有藥用清潔上的需求時，請務必跟獸醫師做諮詢。

狗狗有味道怎麼辦？可以靠洗澡解決嗎？

很多飼主都喜歡抱著毛茸茸的狗狗，但是一但出現了體味，就算再喜歡狗狗，多少都會感到困擾。因此本篇要來探討產生體味的原因為何？原則上狗狗是不會有體味的，產生體味的問題可能是狗狗出現了以下幾個狀況：

1. 皮膚狀況不好

狗狗產生體味，有可能是感染了疥癬或一些皮膚病造成的，這時候一定要趕緊處理，因為皮膚病的範圍有可能擴大，飼主務必要找醫生對症下藥。

2. 清洗次數過於頻繁

通常美容師建議狗狗洗澡的頻率約是七到十天一次，但有些飼主因為覺得狗狗髒了，所以沒幾天就洗一次，過度清洗會造成油脂分泌過多，最後產生體味。

3. 把狗毛剃光光

夏天因為天氣熱而把狗狗的毛剃的太短，原本用來保護身體的毛不見了，狗狗的身體就會自動分泌許多油來保護肌膚，過多的油脂就是產生體味的原因。

專欄

清潔美容的頻率

雖然幫狗狗清潔很重要，但是清潔的頻率也不能太頻繁。過度的清潔可能會造成狗狗皮膚敏感、失去自然的保護能力等等，因此以下就幾種常見的清潔方式，簡單做清潔頻率的建議與重點介紹。

Daily 1. 梳毛

梳毛能解決狗狗毛髮糾結的問題，同時可以簡易清除掉狗狗身上的髒汙，並促進血液循環，增進健康，是相當重要的清潔護理工作，特別是長毛種的狗狗，如果可以的話建議每天都要梳毛，至少一週要做兩到三次。

梳毛時可以同時檢查狗狗皮膚是否有異樣凸起、紅腫、膿包、外傷、不明原因的脫毛、不明的黑色顆粒出現。

Daily 2. 潔牙

牙齒是狗狗的重要覓食工具，跟人類一樣，只有一次從乳牙換成恆齒的機會，接著這一口牙就要陪著狗狗一輩子。狗狗的

口腔環境是鹼性，因此不容易產生蛀牙，但是相對來說就很容易會囤積牙垢，並發展成牙周病。

建議如果不能每天幫狗狗刷牙，至少也要提供潔牙食品讓狗狗啃咬。清潔時要注意狗狗牙根是否有囤積牙結石或牙垢、牙齦是否紅腫、舌頭顏色是否正常、是否有嚴重的口臭。

Daily 3. 散步後的清潔

和主人一起出外散步是狗狗最開心的時候了，但是戶外可能會有帶回寄生蟲、髒汙與異物的困擾，所以帶狗狗散步回來後別忘了要幫狗狗做基本的清潔唷！

首先是用溼布擦拭四隻腳的髒汙，同時檢查狗狗腳掌是否有外傷或異物刺入、是否有紅腫現象。另外也要把狗狗的毛皮與容易弄髒的生殖器與臀部周圍做清潔，避免寄生蟲與細菌感染。

Daily 4. 面部護理

眼淚或眼屎造成眼睛周圍的毛髮變色就是俗稱的「淚痕」，所以為了讓家中狗狗看起來精神奕奕充滿朝氣，可以用市售的淚痕專用清潔劑幫狗狗做面部的清潔，但是要注意別讓清潔劑碰到眼睛。另外也要同時檢查狗狗的眼睛是否有紅腫，眼屎與眼淚異常的多。

Weekly 1. 修毛

肉球的毛太長可能會害狗狗滑倒，臉部的毛太長可能會刺到狗狗的眼睛，臀部附近的毛太長會很容易沾到排泄物，因此可以定期檢查，修剪過長的毛髮。

修剪時要同時注意生殖器附近是否紅腫、眼睛是否明亮、肉球部分是否有傷口。

Weekly 2. 耳朵清潔

耳朵的汙垢若是置之不理的話，有可能引發耳部疾病，同時還有可能感染耳疥蟲，造成狗狗一直搔抓耳朵，因此定期檢查清潔是很重要的。

清潔的同時別忘了注意狗狗的耳朵是否紅腫、有無惡臭與黑色的不明顆粒。

Weekly

3. 修剪趾甲

由於現在狗狗的活動範圍比較小，趾甲自然磨損的速度慢，因此若趾甲過長的話，除了會造成行走與奔跑的障礙外，遊戲時也容易抓傷人或其他狗狗，增加指甲斷裂的機率。如果讓趾甲恣意生長的話，趾甲內的血管也會逐漸延伸，造成修剪不易，因此要定期修剪。

修剪時要注意狗狗的趾甲是否有折斷或裂開，生長的方式是否正常。

Monthly

1. 全身清潔

全身清潔的頻率大概一個月一至兩次就夠了，平日可藉由梳毛和簡易的清潔擦拭掉身上的髒汙，避免過度清潔影響到狗狗身體的自我防護。此外，清潔後務必要記得確實沖淨清潔劑，並將狗狗全身的毛都徹底吹乾，有些狗狗的毛皮比較厚，若是沒有吹乾的話容易將溼氣悶在裡面，造成皮膚發炎。

清潔時可以同時清潔狗狗的肛門腺，並檢查狗狗的毛皮狀況，是否有紅腫、破皮、脫毛等現象。

第四招 一應俱全 寵物美容店

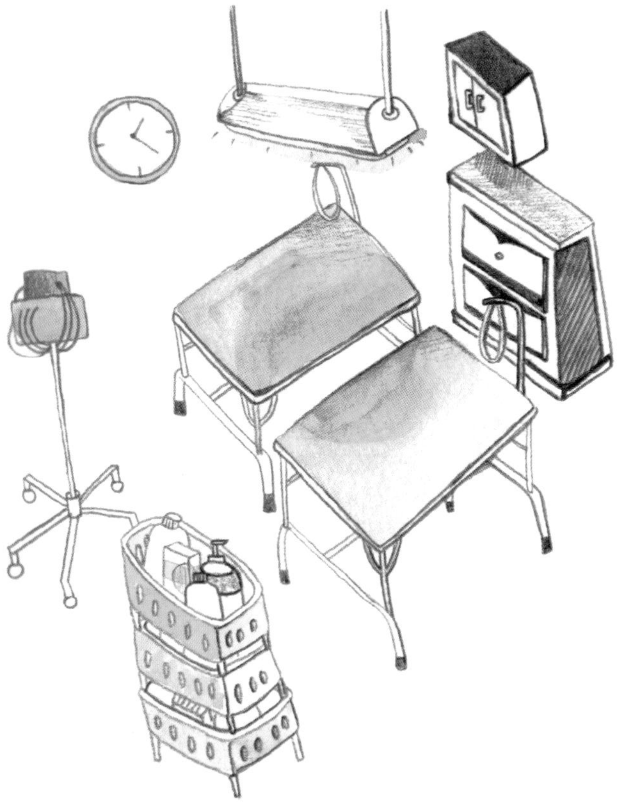

選擇有透明窗口，可以看見狗狗美容過程的寵物美容店，能讓飼主清楚看見狗狗洗澡美容的過程，也能確保環境的清潔，避免寵物間疾病的互相感染。

選擇價格合理、方便又安全的寵物美容店，也是負責任的飼主必備的功課。

如何挑選適合的寵物美容店

把親愛的寵物定期帶到寵物美容店去洗澡、美容，是生活繁忙的飼主一個方便的選擇。

寵物美容店的選擇依據，並不在於人氣，飼主必須仔細觀察寵物美容師對待狗狗的態度是否良好、動作是否安全，以免狗狗受到虐待或受傷，從此討厭被人護理。

寵物美容是讓愛犬維持健康

與外表清潔的好方法，非常建議飼主可以按照本書的步驟幫愛犬做清潔美容，除了可以維護愛犬的清潔美觀外，藉由清潔美容，更可以同時幫愛犬做簡單的外觀檢查，及時發現可能的病徵，例如口臭、寄生蟲、趾甲斷裂等問題，更可以加深狗狗與飼主之間的信賴關係。

但是像是除毛、全身清潔等可能狗狗會比較排斥，或是會花費飼主太多時間的清潔方式，交給專家處理也會比較讓人放心。

但是目前國內寵物美容店的設立非常多，難免會讓人擔心選擇的寵物美容店是否值得信賴。以下四點是挑選寵物美容店的建議事項，提供給飼主做參考。

☑ 寵物美容店是否清潔透明

進到寵物美容店時，可以先觀察四周的環境，檢查店內的地

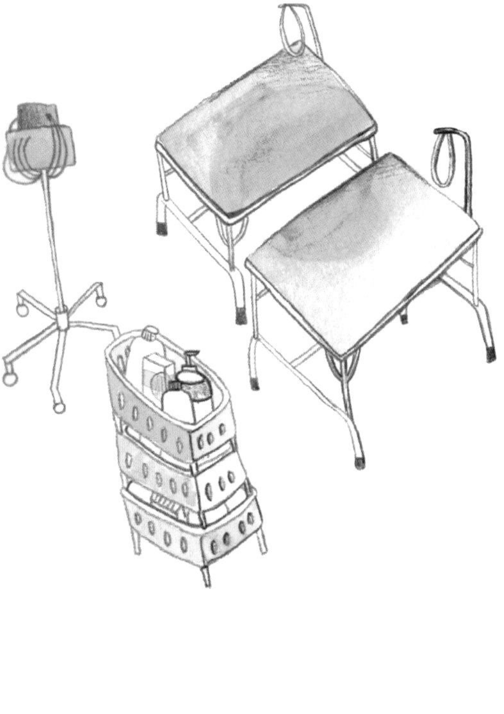

板是否清潔、器具是否光亮有整理、工具使用完後是否會物歸原處、是否可以讓飼主看到清潔的情形等。

美容師是否親切專業

觀察美容師的言行舉止，是否會與飼主分享清潔經驗、對狗狗和善、會在清潔的同時安撫狗狗、清潔動作直接俐落、清潔後會提醒飼主注意事項等。

其他飼主的經驗分享

通常美容店都會與寵物用品店合作，讓飼主在等待寵物美容清潔的同時能打發時間。

和其他飼主分享飼育及美容的經驗也是很重要的環節，可以藉由與其他飼主的交流，同時知道每位美容師在其他飼主間的專業程度與評價。

飼主也可以先行上網路的論壇與討論區，事先對寵物美容店做基本的了解。

觀察清潔美容後的狗狗

觀察清潔美容後的狗狗也是很重要的，需要特別注意的重點包含，觀察狗狗是否會刻意遠離美容師、狗狗身上是否有出現新傷口與是否有精神等。

畢竟幫寵物做清潔美容也是為了要能維護狗狗的健康與美觀，若是狗狗在清潔美容時有了不好的經驗，甚至開始排斥讓人幫忙美容清潔，那就失去清潔美容的意義了。

寵物美容前後要注意什麼呢？

事先走訪各家寵物美容中心

為了讓狗狗得到最專業的照顧，飼主千萬不要嫌麻煩，必須要到各個美容店觀察，觀察的要點有：美容室是否透明化、環境乾不乾淨、是否有許多狗毛、味道重不重，最後一定要看看美容師對待其他狗狗是否有耐心，若是對待其他狗狗的動作很溫和輕柔，就可以放心交給他們，選擇一間好的美容店不僅可以讓狗狗感到安心，進而熟悉美容師的動作，如此一來每次送去美容的時候，狗狗就不會感到害怕，反而還會因為打扮的清潔漂亮被誇獎而開心呢。

確認狗狗的狀態

要帶心愛的狗狗到寵物美容店時，首先要確認狗狗的心理和身體狀態一切正常，不要貿然的就帶去清洗，而忽略狗狗不舒服的情況。

運送的過程

從家裡到寵物美容店，很多時候都要千方百計的引誘狗狗進籠子或袋子去，實在辛苦，但為了讓狗狗卸下心房，這時候必須要很有耐心的引導狗狗進入袋子中，等確定狗狗是穩定的再拉上拉鏈，並輕輕提起，不時要安撫狗狗直到美容店裡，這種作法是為了讓狗狗感到安心，因為知道主人會陪在身邊，以後去美容店就不會驚慌失措了。

再一次確認

把狗狗送至寵物美容店後，通常都會先做簡單的檢查，請主人再一次確認狗狗健康可以洗澡後再行離開，不要把狗狗直接交給美容師就走，那會讓狗狗感到害怕的。

寵物美容師的審慎選擇

寵物美容師是幫寵物做清潔美容的專家，受過專業的訓練與豐富的經驗，所以有任何在幫寵物清潔美容時遇到的問題，都可以跟寵物美容師做請教。像是剪趾甲，如果因為沒有任何經驗，很怕剪到寵物趾甲內的血管，可以先請寵物美容師示範一次，學習正確的清潔方法再做嘗試。

美容師的儀態是否清潔有朝氣

由於寵物美容時有很多時間會用到剪刀與寵物推剪之類的工具，需要美容師謹慎小心的做使用，並在使用後確實收好這些工具避免傷害到寵物。而且寵物美容是極為細膩的工作，需要美容師細心地作業。因此，外觀清潔有朝氣，工具使用特別注意的美容師會使人比較放心。

美容師的態度是否親切

寵物美容師同時也是寵物身體檢查最直接的執行者，很多疾病的徵兆，例如硬塊、脫毛或有傷口等狀況都可以在美容清潔時發現。如果寵物美容師願意和飼主分享建議與注意事項，也願意接受飼主的意見，並主動告知在清潔時發現到的狗狗問題，飼主就能更加了解自家寵物的健康與美容清潔的方式，和美容師之間的信任感也會加深。

美容師對寵物是否親切

由於清潔美容的同時，也是幫寵物做身體檢查的好時機。如果美容師在清潔時為了省事，因此在清潔護理的動作上過於粗暴、愛理不理等，除了可能會傷到寵物之外，也很容易造成寵物對於清潔美容產生不好的印象，甚至在寵物的心裡留下陰影，從此排斥被人做護理清潔，那之後飼主想要自行幫寵物做護理就會很麻煩。

美容師的動作是否簡潔確實

由於沒有經過訓練的狗狗通常都比較好動，觀察美容師固定狗狗的動作是否確實，工具使用是否簡潔俐落，都是判斷一個寵物美容師技術優劣的重點。

當寵物美容師無法確實將狗狗固定在美容台上時，很容易因為狗狗的躁動而不小心誤傷到人或寵物，因此美容師的動作十分重要。

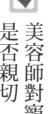

狗狗也需要社交

狗狗需要多與人群接觸來增加社會化的技能，有些狗狗會對家人以外的人亂吠、產生敵意，身處在人群中時會莫名表現出焦慮和緊張。

事實上，這樣的狗狗更需要多與人群接觸。狗狗的黃金學習期間約在出生後的三個月內，這段期間內，建議飼主務必教導狗狗定點大小便、習慣刷牙、剪趾甲等生活習慣，除此之外，也需要帶狗狗到不同的地方去，增加與人類和其他動物相處的機會。

只要經驗一多，情緒便會跟著穩定下來，但不是每個地方都是安靜又安全的，所以狗狗可能在與主人一同出門到陌生的環境時便會產生不安。

建議飼主可以每天變換不同的散步路線，擴大狗狗的體驗範圍，遇見其他的同伴，停下來，讓牠們可以「打個招呼、互聞一番」。另外，飼主的情緒也會影響到狗狗，所以飼主對身處的環境放鬆且愉快時，也會讓狗狗對環境產生好感。

社會化的好處在於讓狗狗接觸不同的人群，聽見不同的聲音，遇見不同的動物，以後牠聽見郵差按的門鈴便不會亂吠，習慣車來人往的聲響，也就不會經常處在恐慌、戒備的情緒之下，對任何突發狀況都能處之泰然。

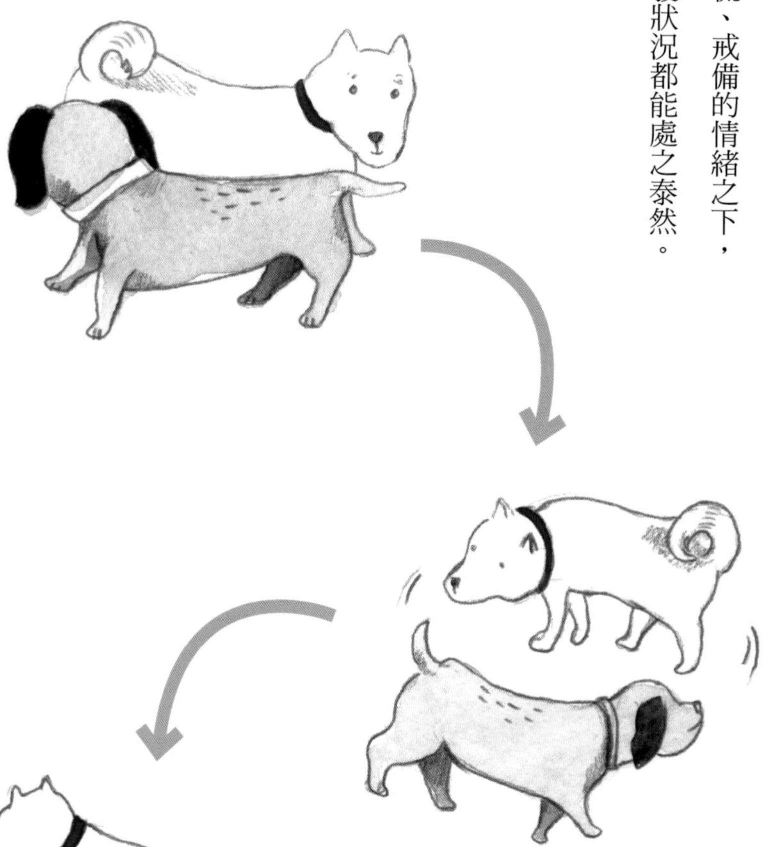

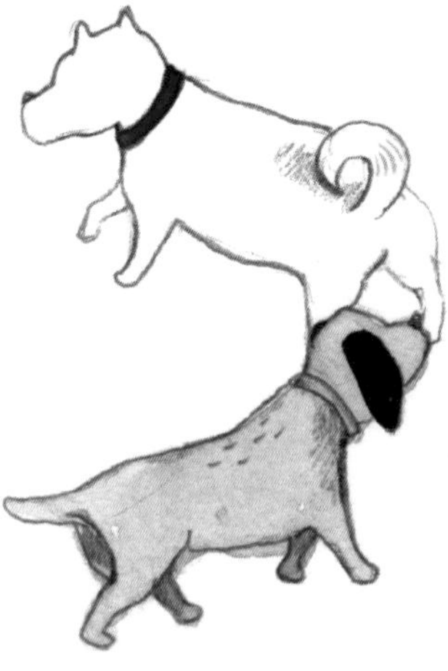

遇見其他的同伴，停下來，讓牠們可以「打個招呼、互聞一番」是社會化的重要環節。

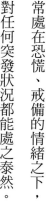

如何安全的運送狗狗

帶狗狗出門時，請務必使用「牽繩」和「外出籠」。

用手抱住狗狗、隨意的把小狗裝在提袋或是放在車子的菜籃裡，都是容易造成寵物脫逃和受傷的不良方法。

搭乘大眾交通工具時，依〈寵物隨乘注意事項〉的規定，必須將寵物裝在指定大小的籠子內（大小依各機關而有不同的規定），搭乘客運和公車時，也應依照動物的票價規定搭乘。

有些美容店會提供專車接送的服務方便飼主帶寵物去做清潔美容，或是目前國內也有計程車業者組成寵物友善行車團隊，可以預約搭乘，這都是可以善加利用的運輸方式。但是乘車時請務必將寵物放置於籠子內，並確實將籠子固定於車內，避免寵物中途脫逃或是車廂搖晃造成意外的發生。

最後提醒飼主們，不論是搭乘大眾運輸工具或是包車，當寵物便溺時請務必自行清理乾淨，避免影響到他人，做個有公德心的模範飼主，共同維持寵物運輸的品質，勿做一顆老鼠屎，壞了眾人好不容易營造出的寵物友善運輸環境。

1. 牽繩

項圈和牽繩是狗狗外出時所不能缺少的安全產品。

狗狗項圈應該從幼犬時就開始配戴，讓狗狗習慣，同時要注意項圈不能太緊，項圈與脖子之間，必須至少能容納一根手指。

牽繩的選擇不應太長，太長的牽繩會讓狗狗可以自由亂跑、亂走，主人不好控制的情況下，會帶來不必要的困擾。

然而，有了「項圈」和「牽繩」就想出門散步，只怕是操之過急囉！

要從小讓狗狗熟悉牽繩，必須先讓狗狗習慣在室內繫上牽繩遊玩，讓牠記住牽繩的感覺。接著練習在安全的場所，例如庭院或室內，跟著主人的腳步走動，讓牠了解「跟隨」的動作和「從屬」的意識，強化狗狗在戶外的跟緊程度。

練習時，要給狗狗充分的空間，不要一開始就限制牠的腳步，一邊跟狗狗說話，一邊試著讓牠跟在主人的腳跟位置，並且給予讚美和零食，飼主要不斷的變換站立的位置，讓狗狗學著主動跟隨主人而變換位置，讓牠了解方向的主導權在主人手裡，練習多次能習慣以後，就可以帶狗狗出門享受散步的樂趣了！

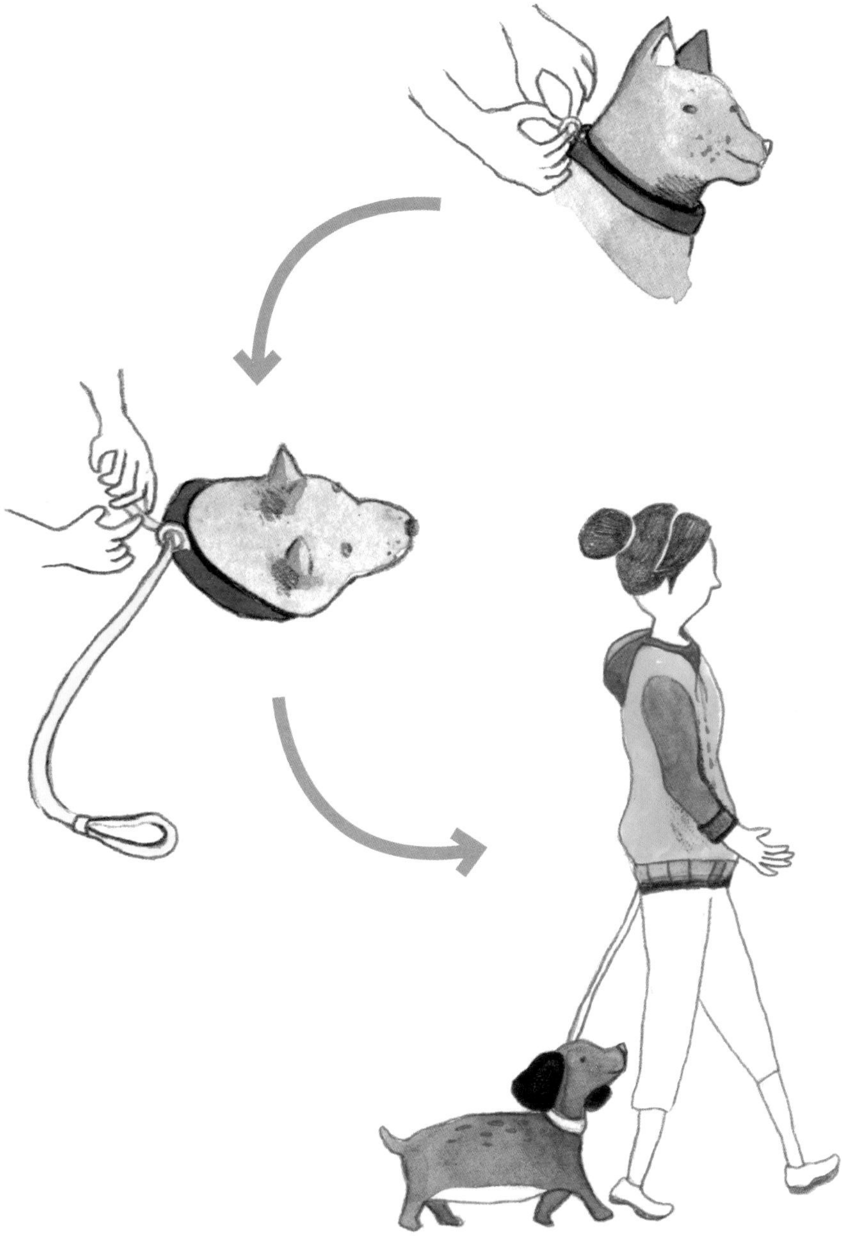

跟著主人的腳步走動，讓牠了解「跟隨」的動作和
「從屬」的意識，強化狗狗在戶外的跟緊程度。

2.外出籠

狗狗討厭狹小的空間，外出籠內帶來的搖晃和狹窄，可能會讓狗狗產生很大的不安全感。因此，絕對要讓狗狗在「室內」完全習慣外出籠。

首先，叫狗狗主動進去外出籠時，應該用「進來吧，好乖」等讚美詞，然後把零食放在外出籠內，或者用零食引誘牠主動進去。進去後，把門或拉鍊關上，讓牠在裡面獨自等待一小段時間，此時，零食就起了很大的作用。籠內的零食會讓狗狗對獨自待在外出籠裡產生好的印象。當你反覆練習幾次讓狗狗主動進入外出籠的動作後，就可以實際背起外出籠到處走走看。

若是狗狗在外出籠裡面不吵不鬧的話，恭喜你！可以帶狗狗出門囉！

另外，讓外出籠成為狗狗習慣的躲藏地點也是個好方法。將外出籠設置成狗狗的小窩，裡面放置狗狗喜歡的玩具或是有狗狗味道的東西，平日就讓狗狗自由進出，在需要運送狗狗時，狗狗對外出籠的排斥感就不會那麼重。也要常用外出籠帶狗狗到公園或能讓牠玩耍的地方，不能每次拿起外出籠就是帶牠去醫院。狗狗不是笨蛋，牠會知道飼主的企圖，並從此把外出籠和打針吃藥畫上等號，排斥進入外出籠。

「進來吧，好乖」

如果狗狗安靜不吵鬧，
就可以放心帶牠出門囉！

寵物旅館的選擇

當主人要出遠門時，一般而言，並不建議單獨將狗狗放在家中，即使你已經準備了多天分的食物。

這個時候，逐漸興起的「寵物旅館」就是一個很好的選擇。

選擇安心又安全的寵物旅館時，需要注意住宿的環境是否清潔、乾淨，選擇可以讓狗狗獨自待著的空間是很重要的。

每隻來住宿的狗狗都有不同的生活習慣和個性。此外，還需注意避免被咬、被感染疾病甚至不小心懷孕等問題。因此可以單獨有自己的空間會是較佳的選擇。現在還有寵物旅館提供網路攝影機，讓飼主能隨時上網觀看寵物的狀況。

另外每日配給三餐方面，若是狗狗會不習慣他牌飼料，主人可以自備，如果可以有專人每天帶狗狗散步，那就更好了。

其實，讓狗狗獨自在陌生的環境生活，牠的心理狀態是十分緊張、不安的，緊繃的精神狀態會讓狗狗疲累不堪。因此，除了環境以及安全上的選擇外，較安靜、能讓寵物放鬆的旅館，就是最好的地方囉！

入住寵物旅館前的準備事項

- ☑ 先行了解寵物旅館的服務內容與評價。
- ☑ 事先帶寵物過去習慣環境。
- ☑ 攜帶一些有飼主與寵物味道的衣物或用品。
- ☑ 準備好緊急聯絡人與就醫紀錄提供給寵物旅館業者，以備不時之需。

專欄

狗狗行為學
正確的教養觀念

胡蘿蔔與糾正

一提到狗狗的教養議題，很多人會立刻聯想到馬戲團裡嚴苛的訓練模式，對待有不良習慣的狗狗，當牠做出不被鼓勵的行為，例如：隨意大小便、啃咬家具、吠叫等，一般人的第一反應是又打又罵，彷彿口頭訓斥、嚴厲處罰，會讓狗狗記得犯錯的「疼痛」，讓牠導正自己的行為，往後不再犯錯。然而，陪在我們身邊的狗狗只是「寵物」，對於人類的話語理解能力有限。訓練狗狗應從小養成，一旦錯過黃金期（約三到六個月時），想要寵物養成正確的行為，會是加倍的困難。

訓練必須使用獎勵和糾正的方式，讓狗狗的行為和我們的口令產生連結，在牠做出正確的行為時給予獎勵，不論是口頭嘉獎或是一點小零食，都會讓狗狗產生美好的記憶，往後便會記得做出好的行為。然而，叱責比讚美還要困難許多，大多數的飼主會把狗狗抓到隨意大小便或打破花瓶的地方，一邊指著地上，一邊

訓練狗狗時
讚美和獎勵比斥責來的有效很多。

叱責，其實，這麼做狗狗並不能了解發生了什麼事，只會感到一頭霧水，甚至因為飼主的「熱烈回應」而感到開心。想要糾正狗狗的行為，那麼在狗狗做錯事的當下，頂多只能露出與平常不一樣的表現：聲音平和且堅定，音量與平時講話應該要一樣且不帶任何情緒，也不能有任何的肢體動作或威脅，讓狗狗知道他做了件與平常不一樣的行為，而且是不被鼓勵的行為。

訓練的重點在於鼓勵正向（好的）行為為主。

專欄

狗狗心理學 狗狗也愛漂亮？

狗狗的愛美心態

漂亮屬於略帶抽象的名詞，而且針對物種的不同，對於漂亮的定義也都不一樣。

狗狗或許會有特別喜歡討好的人或東西，但是要界定狗狗認為這個人或東西漂不漂亮，其實是有困難的。因此，與其說狗狗愛漂亮，不如說是飼主愛漂亮，而飼主愛漂亮的行為表現影響到了狗狗的態度。

我們知道有很多飼主會幫愛犬做裝飾與打扮，並樂在其中，更會在梳妝打扮後不時地誇獎讚美家中的愛犬，旁人也會對可愛的狗狗表現出善意的誇獎或注意，而此時的誇獎與讚美就對狗狗有增強的影響力，狗狗會知道只要飼主幫牠打扮好

了，就會得到獎勵與誇獎，還會成為大家的目光焦點，自然就會喜歡被人打扮，並表現出驕傲、高興、活潑的肢體動作。

但若是今天飼主在幫愛犬打扮時，產生了煩躁（例如毛都梳不成自己想要的樣式），或是生氣暴躁（裝扮不符合期待），旁人對狗狗的譏笑指點等，這類的情緒反應都會讓狗狗察覺到，自然聯想到「被打扮好恐怖、主人會生氣、其他人對我不友善」，自然而然就會開始排斥被人打扮，然後逃避、畏縮，甚至是攻擊想幫牠裝扮的人。

因此狗狗對於被裝扮的反應心態是受到人類的影響，與其探討狗狗愛不愛漂亮，不如仔細審視狗狗在被裝扮時受到了怎樣的對待反饋，那麼就能分析出狗狗對於被人裝扮時的心情表現。

穿好衣服後的狗狗其實會很仔細觀察我們的反應，進而有開心或低落的不同表現。

專欄

狗狗需要穿衣服嗎？腳套呢？

就一般成犬與台灣的氣候環境來探討，其實狗狗是不需要穿衣服的，主要是因為狗狗的被毛本身就有足夠的保暖作用，可以幫助狗狗適應國內的氣候環境。

但還是有些情況是可以幫狗狗加件衣服來保暖的，例如生病、生產的狗狗、體弱的高齡犬、剛出生至三個月大的幼犬與被毛生長異常的狗狗等，都是可以按情況幫牠們穿上衣服的。

一般當氣溫低於15度以下時，就建議可以幫以上幾種狗狗穿衣做保暖，至於其他的狗狗是否需要穿衣服，就由飼主自行做決定了。不過，若是過度的保護，可能會造成狗狗對環境的適應力下降，反而容易因為氣候的轉變而生病，因此飼主務必要妥善思考與安排。

如果非要幫狗狗穿衣服的話，建議可以幫狗狗把毛剃短一些，並且每天都要脫下來全身梳完一遍後，確認沒有打結處再穿上衣服。假使讓狗狗整個冬天都穿著衣服沒脫的話，到時候狗毛會因為打結而和衣服纏在一起，甚至形成一件狗毛衣，最後必須

用剃的才能將狗毛與衣服分開，這是美容師在臨床上常常遇見的案例。要特別叮嚀喜歡給狗狗穿衣服的飼主，一定要每天為狗狗梳毛喔。

其他像是狗狗常用來睡覺或是玩耍的毯子、棉被等，也要時常清理，否則容易有相同的狀況發生。

近來，由於很多家庭都會採用木質的高級地板，為了預防狗狗的趾甲劃傷地板，有些人會給狗狗穿戴腳套。

事實上，狗狗的趾甲只要有

固定修剪，是不太會伸出來劃傷地板，若是狗狗走路時聽得到趾甲與地板發出喀喀聲，那就代表趾甲太長該修剪了。

我們知道，狗狗的身體沒有汗腺的分布，但是在腳底卻有豐富的汗腺，這些汗腺排出的味道能讓狗狗對於環境更加熟悉與安心，因此若是將狗狗的腳掌用腳套包覆起來，讓狗狗無法在生活環境中留下自身的味道，狗狗就可能比較容易躁動不安。此外，狗狗的腳掌有特殊的生長弧度，很多狗狗在穿上腳套後，會因為感覺和平常走路的方式不同，造成連路都不知道怎麼走的情況發生，甚至平衡感也變差，造成摔倒與受傷的意外。因此在腳套方面是沒有必要幫狗狗穿戴的。

若是將狗狗的腳掌用腳套包覆起來，讓狗狗無法在生活環境中留下自身的味道，狗狗就可能比較容易躁動不安。

專欄

寵物美容證照

要如何選擇一間好的寵物美容中心，首先要了解專業的寵物美容師須具備哪些技能種類與標準。當通過了各項考驗之後，再來就是美容師和狗兒面對面的實戰經驗了，優秀的美容師絕不會在狗狗不願意的情況下做任何舉動，他們會傾聽寵物的心，讓美容的過程成為狗狗開心的回憶與滿意的享受。

以下為專業寵物美容師所需具備的各項工作項目與種類和標準僅提供參考：

（本篇資料由行政院勞委會提供）

1. 寵物美容基本常識

(1) 熟悉寵物犬外型特徵及毛髮特性

*能了解不同寵物犬品種標準。

*能熟悉寵物犬整體構造，並能繪製寵物犬外型特徵。

*能認識寵物犬各部位名稱，並能修剪出正確之比例與外型。

*能分辨不同寵物犬種的皮毛基本構造。

(2) 認識其它常見寵物

*能分辨其他寵物的名稱。

*能知道其他哺乳類寵物的各種特性。

2. 寵物相關法規認識

(1) 熟悉動物保護及寵物業管理相關法規

*能熟悉動物保護相關法規對於寵物、寵物業及飼主的相關規定。

*能熟悉特定寵物業管理的相關法規。

*能認識寵物業查核及評鑑的相關法規。

3. 寵物保健衛生

(1) 熟悉寵物的生理特性

*能認識寵物正常生理結構及機能。

*能了解寵物的正常發育成長現象。

(2) 熟悉寵物的常見疾病

*能認識寵物皮膚病變及體外寄生蟲。

*能了解寵物常見疾病與預防的重要性。

*能知道寵物的傳染性、非傳染性及人畜共通疾病。

(3) 了解寵物飼養管理技術

*能了解寵物繁殖知識。

*能認識飼養寵物所需的管理技術。

4. 寵物行為認知

(1) 熟悉寵物的行為表現

*能觀察寵物的正常與異常各種行為。

(2) 適當與寵物的互動溝通

*能觀察寵物的情緒，給予適當的互動溝通。

5. 寵物美容工作環境使用與維護

(1) 認識寵物美容工具的種類並正確地使用

*能熟知各種工具的名稱及各種用途。

*能正確使用工具及保養、消毒、清理。

(2) 正確清理美容桌

*能知道美容桌清潔及消毒的意義。

*能確實清潔及消毒美容桌。

6. 寵物美容之基本技能

(1) 檢視寵物基本狀態

*能確認寵物的外觀及行為是否正常。

*能選擇適合寵物的美容方式。

(2) 適當的保定

*能了解寵物保定的意義。

*能熟練正確保定寵物的方法。

(3) 洗澡前的準備

*能正確使用工具或耳粉、除毛劑等清除外耳道的耳毛。

*能正確使用工具或清耳液清潔耳內汙垢。

*能正確使用工具修剪趾爪並磨平。

*能正確梳理被毛。

*能正確使用護眼液。

(4) 清洗與吹乾

*能使用適合的水溫沖洗寵物。

*能正確選擇及使用洗毛精。

*能確實清理肛門腺。

*能以正確的方法及用品刷洗寵物，並以清水沖洗至乾淨。

*能正確使用潤絲用品。

*能確實擰乾及吸乾身體表面的殘餘水分。

*能正確使用吹風機將毛髮吹乾並選擇適當護毛處理。

*能確認洗澡後的耳道及眼睛狀況並做後續處理。

(5) 寵物犬之毛髮修剪

*能認識經常操作的寵物犬毛髮修剪規格。

*能正確選擇並安全的操作工具進行修剪動作。

*能修飾出特定犬種適當的被毛長度及造型。

*能正確修剪頭部。

*能正確修剪頸部。

*能正確修剪前肢。

*能正確修剪前胸。

*能正確修剪體軀（背、腹、腰、側身部）。

*能正確修剪臀線。

*能正確修剪後肢。

*能正確修剪尾部。

*能正確使用美容紙及蝴蝶結操作美容髮髻的編飾。

*能於一定時間內完成特定造型步驟。

7. 安全衛生及職業道德

(1) 注意寵物美容工作安全

*能認識工作場所的意外原因與職業傷害。

*能防止寵物及操作者發生不必要之意外。

*能了解如何應變處理。

(2) 維護工作環境清潔及定期消毒

*能正確施行清潔工作及消毒環境。

(3) 具備寵物專業人員的工作態度與服務禮儀

*能具備良好的工作態度，並具有愛心及耐心。

*能服裝儀容整潔，禮節週到。

參考資料

行政院勞委會於民國 102 年制定了「寵物美容」丙級技術士的相關章程，由勞委會中部辦公室與農委會畜牧處兩體系共同規劃，預計 103 年開辦相關課程。

技術士技能檢定共分為七大項，國中畢業或滿 15 歲即可報考。寵物美容丙級技術士應具備的技能包括熟悉寵物美容基本常識、相關法規、寵物衛生保健、寵物行為認知、寵物美容工作環境使用與維護、寵物美容的基本技能、安全衛生及職業道德等。

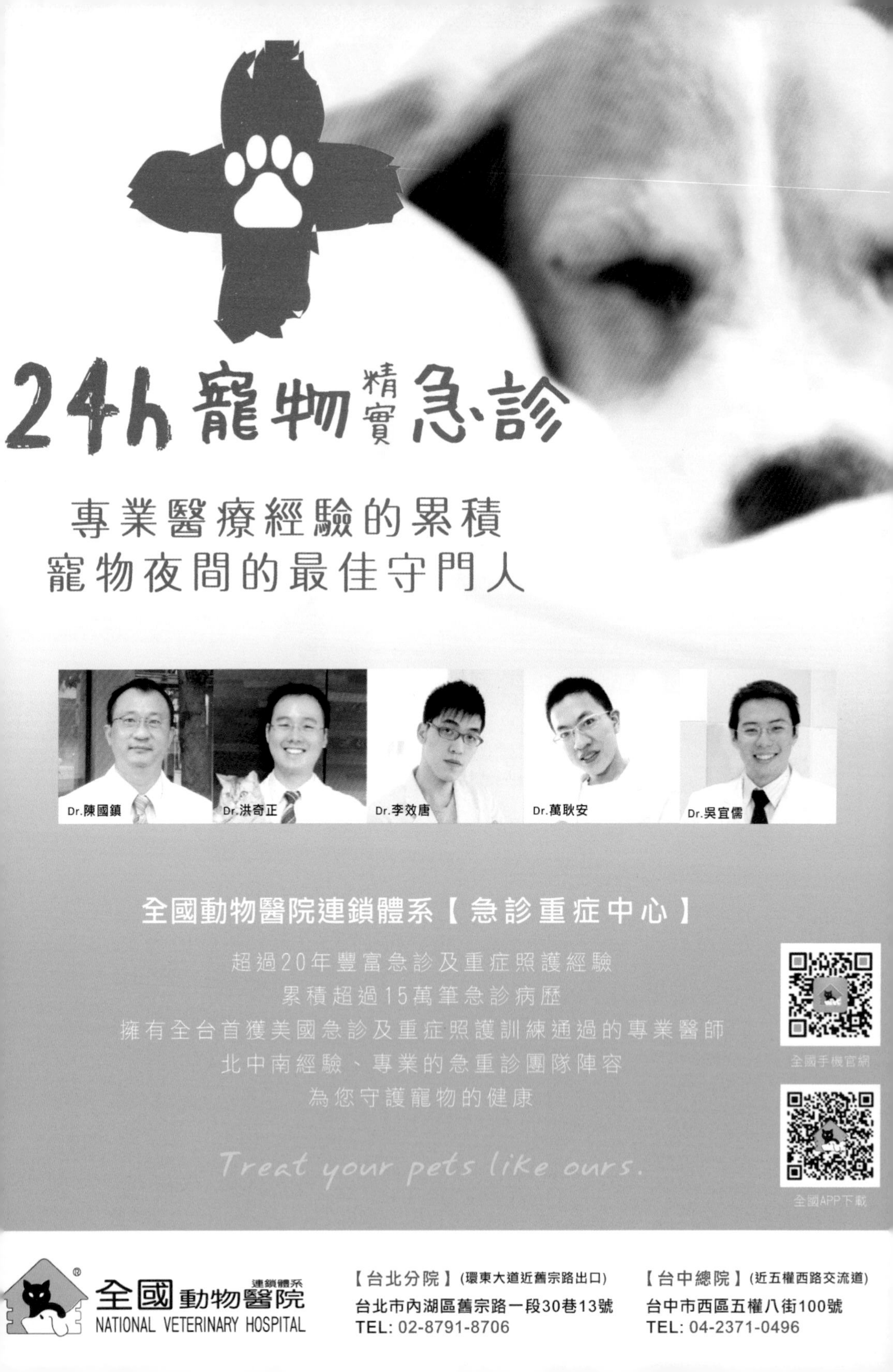
24h寵物精實急診
專業醫療經驗的累積
寵物夜間的最佳守門人
Dr.陳國鎮
Dr.洪奇正
Dr.李效唐
Dr.萬耿安
Dr.吳宜儒
全國動物醫院連鎖體系【急診重症中心】
超過20年豐富急診及重症照護經驗
累積超過15萬筆急診病歷
擁有全台首獲美國急診及重症照護訓練通過的專業醫師
北中南經驗、專業的急重診團隊陣容
為您守護寵物的健康
Treat your pets like ours.
全國手機官網
全國APP下載
全國動物醫院 連鎖體系
NATIONAL VETERINARY HOSPITAL
【台北分院】(環東大道近舊宗路出口)
台北市內湖區舊宗路一段30巷13號
TEL: 02-8791-8706
【台中總院】(近五權西路交流道)
台中市西區五權八街100號
TEL: 04-2371-0496

國家圖書館出版品預行編目資料

狗狗美容師 / 白雅涵, 曾怡菁採訪 . -- 初版 . --
臺中市 : 晨星 , 2014.02

面； 公分 . -- (寵物館 ; 23)

ISBN 978-986-177-803-7(平裝)

1. 犬 2. 寵物飼養

437.354 102024758

寵物館 23

狗狗美容師

監修 全國動物醫院連鎖體系醫師團隊、寶羅國際寵物美容學苑團隊
採訪 白 雅 涵 、 曾 怡 菁
繪者 洪 子 琁
執行主編 李 俊 翰
特約編輯 曾 怡 菁
美術排版 黃 寶 慧
封面設計 曾 可 瓅
校對 曾 怡 菁

負責人 陳銘民
發行所 晨星出版有限公司
台中市工業區 30 路 1 號
TEL:（04）23595820 FAX:（04）23550581
E-mail:service@morningstar.com.tw
http://www.morningstar.com.tw
行政院新聞局局版台業字第 2500 號
法律顧問 甘龍強律師
承製 知己圖書股份有限公司 TEL：（04）23581803
初版 西元 2014 年 2 月 28 日

郵政劃撥 22326758（晨星出版有限公司）
讀者服務專線 （04）23595819 # 230

印刷 啟呈印刷股份有限公司 • (04)2311-0121

定價 250 **元**
（缺頁或破損的書，請寄回更換）
ISBN 978-986-177-803-7

Published by Morning Star Publishing Inc.
Printed in Taiwan

◆讀者回函卡◆

以下資料或許太過繁瑣，但卻是我們了解您的唯一途徑
誠摯期待能與您在下一本書中相逢，讓我們一起從閱讀中尋找樂趣吧！

姓名：____________________ 性別：□ 男 □ 女 生日： ／ ／

教育程度：________________

職業：□ 學生 □ 教師 □ 內勤職員 □ 家庭主婦
□ SOHO 族 □ 企業主管 □ 服務業 □ 製造業
□ 醫藥護理 □ 軍警 □ 資訊業 □ 銷售業務
□ 其他 ____________________

E-mail：__________________________________ 聯絡電話：____________________

聯絡地址：□□□ ____

購買書名：狗狗美容師

・本書中最吸引您的是哪一篇文章或哪一段話呢？______________________________

・誘使您購買此書的原因？

□ 於 ________ 書店尋找新知時 □ 看 ________ 報時瞄到 □ 受海報或文案吸引
□ 翻閱 ________ 雜誌時 □ 親朋好友拍胸脯保證 □ ________ 電台 DJ 熱情推薦
□ 其他編輯萬萬想不到的過程：____

・對於本書的評分？（請填代號：1. 很滿意 2. OK 啦！ 3. 尚可 4. 需改進）

封面設計 __________ 版面編排 __________ 內容 __________ 文／譯筆 __________

・美好的事物、聲音或影像都很吸引人，但究竟是怎樣的書最能吸引您呢？

□ 價格殺紅眼的書 □ 內容符合需求 □ 贈品大碗又滿意 □ 我誓死效忠此作者
□ 晨星出版，必屬佳作！ □ 千里相逢，即是有緣 □ 其他原因，請務必告訴我們！

____

・您與眾不同的閱讀品味，也請務必與我們分享：

□ 哲學 □ 心理學 □ 宗教 □ 自然生態 □ 流行趨勢 □ 醫療保健
□ 財經企管 □ 史地 □ 傳記 □ 文學 □ 散文 □ 原住民
□ 小說 □ 親子叢書 □ 休閒旅遊 □ 其他 ______________________________

以上問題想必耗去您不少心力，為免這份心血白費
請務必將此回函郵寄回本社，或傳真至（04）2355-0581，感謝！
若行有餘力，也請不吝賜教，好讓我們可以出版更多更好的書！

・其他意見：

晨星出版有限公司 編輯群，感謝您！

請填妥後對折裝訂，直接投郵即可，免貼郵票。

廣告回函
台灣中區郵政管理局
登記證第 267 號
免貼郵票

407
台中市工業區 30 路 1 號

晨星出版有限公司

寵物館

請沿虛線摺下裝訂，謝謝！